国防科技图书出版基金

U0602843

飞机复合材料翼面结构优化设计理论与应用

Structural Optimization Design of Aircraft Composite Wing

杨伟 常楠 王伟 著

国防工业出版社

·北京·

图书在版编目(CIP)数据

飞机复合材料翼面结构优化设计理论与应用/杨伟,常楠,王伟著.—北京:国防工业出版社,2014.11
ISBN 978-7-118-09528-9

I.①飞… II.①杨… ②常…③王… III.①飞机-复合材料-结构设计 IV.①V257

中国版本图书馆 CIP 数据核字(2014)第 257303 号

※

国防工业出版社出版发行

(北京市海淀区紫竹院南路23号 邮政编码100048)
北京嘉恒彩色印刷有限责任公司
新华书店经售

*

开本 710×1000 1/16 插页 4 印张 13¾ 字数 252 千字
2014 年 11 月第 1 版第 1 次印刷 印数 1—3000 册 定价 79.00 元

(本书如有印装错误,我社负责调换)

国防书店:(010)88540777   发行邮购:(010)88540776
发行传真:(010)88540755   发行业务:(010)88540717

致 读 者

本书由国防科技图书出版基金资助出版。

国防科技图书出版工作是国防科技事业的一个重要方面。优秀的国防科技图书既是国防科技成果的一部分,又是国防科技水平的重要标志。为了促进国防科技和武器装备建设事业的发展,加强社会主义物质文明和精神文明建设,培养优秀科技人才,确保国防科技优秀图书的出版,原国防科工委于1988年初决定每年拨出专款,设立国防科技图书出版基金,成立评审委员会,扶持、审定出版国防科技优秀图书。

国防科技图书出版基金资助的对象是:

1. 在国防科学技术领域中,学术水平高,内容有创见,在学科上居领先地位的基础科学理论图书;在工程技术理论方面有突破的应用科学专著。

2. 学术思想新颖,内容具体、实用,对国防科技和武器装备发展具有较大推动作用的专著;密切结合国防现代化和武器装备现代化需要的高新技术内容的专著。

3. 有重要发展前景和有重大开拓使用价值,密切结合国防现代化和武器装备现代化需要的新工艺、新材料内容的专著。

4. 填补目前我国科技领域空白并具有军事应用前景的薄弱学科和边缘学科的科技图书。

国防科技图书出版基金评审委员会在总装备部的领导下开展工作,负责掌握出版基金的使用方向,评审受理的图书选题,决定资助的图书选题和资助金额,以及决定中断或取消资助等。经评审给予资助的图书,由总装备部国防工业出版社列选出版。

国防科技事业已经取得了举世瞩目的成就。国防科技图书承担着记载和弘扬这些成就,积累和传播科技知识的使命。在改革开放的新形势下,原国防科工委率先设立出版基金,扶持出版科技图书,这是一项具有深远意义的创举。此举势必促使国防科技图书的出版随着国防科技事业的发展更加兴旺。

设立出版基金是一件新生事物,是对出版工作的一项改革。因而,评审工作需要不断地摸索、认真地总结和及时地改进,这样,才能使有限的基金发挥出巨大的效能。评审工作更需要国防科技和武器装备建设战线广大科技工作者、专家、教授,以及社会各界朋友的热情支持。

让我们携起手来,为祖国昌盛、科技腾飞、出版繁荣而共同奋斗!

国防科技图书出版基金
评审委员会

国防科技图书出版基金
第七届评审委员会组成人员

前　言

随着飞机性能的日益提高和使用环境的严酷,对飞机结构设计的要求越来越高。与传统金属材料相比,复合材料具有比强度高、比刚度大等优点,用于飞机结构一般可减重 25% 左右。此外,复合材料还具有可设计性强、疲劳性能好、耐腐蚀、易于整体成型等优点。自 20 世纪 70 年代初,复合材料在飞机结构上的应用日益广泛,与铝、钢、钛一起,迅速发展成为四大航空结构材料。

相对于机身,翼面提供飞机的主要升力。因此,翼面结构设计中不仅仅要考虑常规结构设计中需考虑的应力、应变、稳定性、刚度等因素,还需重点考虑气动载荷所带来的静、动气动弹性问题,后者也是飞机结构设计的重点和难点。现代战斗机一般翼型高度低、重量和刚度要求严格、专业综合性更强,因此轻质复合材料在机翼设计中得到了越来越多的应用。通过对复合材料进行合理的刚度剪裁设计,不但能带来显著的减重效益,还能改善结构静、动气动弹性性能。与各向同性材料相比,复合材料的应用给飞机结构带来巨大收益的同时也扩大了结构设计空间,大大增加了设计的难度,对结构设计提出了更高的要求,采用传统的设计、校核、修改设计的方式已经难以满足要求。结构优化技术通过优化结构的尺寸、形状和拓扑等参数,能够帮助设计者在满足一定性能的前提下找出较优的结构形式和参数,因此,结构优化技术是现代飞机结构设计中最重要的技术之一。从而实现结构优化设计。

我国在复合材料结构设计优化领域起步晚,虽然近年来有很多学者和工程人员在该领域进行了广泛而深入的研究,但是大多集中在算法研究上,与工程型号的结合还有待进一步加强。其原因主要是复合材料结构优化的特殊性:复合材料优化问题属于离散变量优化问题,采用传统的优化方法和策略来处理具有局限性;近年来出现的各种智能算法虽然适合解决复合材料结构优化问题,但一方面工程设计人员了解的较少,另一方面,该类优化算法与具体工程问题相结合时参数设置、模型构建等较为复杂,因此鲜有智能算法与工程型号结构优化设计相结合的应用实例。

本书以复合材料翼面结构为研究对象,按照涉及的关键技术进行组织,从优化模型、最优化理论、复合材料层合板优化方法、复合材料加筋壁板优化方法、翼面结构布局优化方法、复合材料气动弹性剪裁设计等方面，对复合材料结构优化进行了详细介绍。

第 1 章介绍了飞机翼面结构的设计要求、结构形式、载荷分类和传力分析，给出了翼面结构设计的输入，阐述了结构优化的分类和相应采取的优化方法，重点叙述了结构优化在工程上的最新应用和减重效果。

第 2 章对翼面结构优化问题进行合理的分析，抓住主要矛盾，建立了既能反映工程问题物理本质，又便于使用优化算法求解的数学模型。针对翼面结构，给出了翼面结构尺寸优化、形状优化、拓扑优化和复合材料优化的数学模型。

第 3 章介绍了最优化理论。内容涉及翼面结构优化较为常用的优化准则法；复合材料优化设计常用的遗传算法、粒子群算法、蚁群算法；拓扑优化常用到的变密度法、渐近结构优化方法。同时给出了部分优化算法的改进策略。

第 4 章研究了复合材料层合板优化设计方法。首先对复合材料经典层合板理论进行阐述，详细推导了用于复合材料层合板厚度优化的准则法迭代公式；对经典粒子群算法进行改进，形成交换离散粒子群算法；对复合材料铺层参数优化问题进行合理转换，转变为经典 TSP 优化问题，并采用蚁群算法进行求解。针对以上每种优化算法，本章分别给出了经典算例，并对优化算法的应用过程、应用效果进行了详细的描述。

第 5 章首先介绍了复合材料加筋壁板结构分析方法，进行了典型加筋壁板稳定性变参数分析，得到了各参数对稳定性的影响。在此基础上，建立了复合材料加筋壁板的多目标多约束优化模型。最后，以大型机翼整体化壁板为研究对象，进行了恒重增稳优化设计研究，给出了加筋壁板优化设计的方法和流程。

第 6 章提出了翼面结构布局优化的分级优化思想，给出了翼面结构纵向结构布局优化的改进型 ESO 优化方法，多梁多墙翼面结构布局优化方法，以及翼面结构的形状与尺寸综合优化设计方法。

第 7 章首先详细阐述了复合材料气动弹性剪裁的概念、原理、分析方法及优化设计工程应用现状，然后以大展弦比复合材料机翼为研究对象，采用 NAS-TRAN 为优化工具，进行了静气弹优化设计研究；将不同蒙皮厚度的翼盒作为研究对象，研究了蒙皮厚度变化对颤振速度的影响，并考虑翼盒的颤振速度和翼盒整体弯曲刚度进行了多目标优化设计。最后，以某型号飞机复合材料机翼气弹剪裁工程案例为对象，详细阐述了气动剪裁设计的工程应用方法、关键技术与解决途径。

第 8 章分析了翼面结构优化工程应用要素。对分级优化、优化规模的控制、合理有限元模型的建立、灵敏度快速分析技术、工程适用的优化算法、快速布局设计软件、细节设计中的复合材料铺层顺序优化等 7 个优化要素进行了详细地分析和探讨,最后给出了翼面结构工程优化设计的流程。

作者多年来从事飞机设计及飞机复合材料结构优化工程应用研究,在多年型号工作经验基础上,借鉴国内外同行专家的研究成果,力图从工程实际应用角度出发,将优化算法与飞机复合材料结构设计相结合,对优化算法进行适应性改进,在飞机结构布局优化、典型结构件优化设计、复合材料层合板优化设计等方面取得了一定的成果,并在型号设计上进行了应用,取得了可喜的成就。本书是作者多年研究工作的经验总结,但由于水平有限,难免有不足甚至错误之处,敬请读者批评指正。

作 者

2014 年 6 月

目　　录

Contents

第1章　飞机翼面结构设计及优化概述

1.1　引　言

百年以来,伴随着科学技术的进步,飞行器设计技术得到了突飞猛进的发展。从人类第一次有动力飞行的17min到航时长达48h的"全球鹰"无人侦察机;从微型飞行器到重量达数百吨的大型运输机、民用飞机;飞行速度突破了声障,实现了超声速巡航,乃至达到了高超声速。所有这一切,对飞机结构设计的要求越来越高。飞机气动性能、结构强度与刚度、气动弹性、结构重量、可靠性、维修性等要求相互耦合、相互影响,给结构设计带来了巨大的挑战,促使飞机结构设计与选材发生了巨大的变化。表1-1给出了不同年代的几种飞机的材料比例。

表 1-1　典型飞机的材料比例

名称	设计年代/年	铝合金	钛合金	钢	复合材料	其他
F-14	1969	39	24	17	1	19
F-16	1976	64	3	3	2	28
F-22	1989	16	39	6	24	15
波音 747	1965	81	4	13	1	1
波音 757	1972	78	6	12	3	1
波音 777	1989	70	7	11	11	1
波音 787	2004	20	11	9	52	5

复合材料具有重量轻、比强度和比刚度高、耐疲劳、抗腐蚀、刚度可设计性等优点,可以大幅降低结构重量,从而有效提高飞机性能,因此现代飞机结构中大量采用复合材料结构。在国外,第四代战斗机F-22的复合材料用量达到了24%;波音787飞机的复合材料用量达到了52%(图1-1);欧洲共同研究开发的"恶魔"无人机(图1-2),其主要机体结构全部采用复合材料结构。在国内,从最初的复合材料口盖到三代机歼-10飞机的复合材料鸭翼结构,再到某新型飞机的全复合材料整体化机翼壁板,复合材料结构也经历了从无到有,不断增加使用的过程。数据表明,将复合材料用于飞机结构上,可比常规的金属结构减重25%~30%,并明显改善飞机翼面的气动弹性特性。相对于金属结构,复合材料的巨大潜力在于其刚度可设计性,可以根据不同的承载要求进行合理剪裁,以

图 1-1 波音 787 飞机材料分布

图 1-2 "恶魔"无人机全复合材料机体结构

提高结构效率,降低结构重量。

复合材料的出现给飞机结构设计带来收益的同时也带来了很多问题和挑战。与传统的金属结构相比,复合材料结构设计最突出的特点就是设计空间更大[1,2]。复合材料结构设计参数除了传统的几何尺寸外,还包括层合板的铺层顺序、铺层比例与铺层角度等铺层参数。复合材料层合板的铺层参数设计问题表现为一种组合爆炸问题,相对于金属板结构,复合材料层合板的设计参数大大增加,参数之间互相耦合,特别是在现代战机的厚蒙皮结构设计中表现得更加突出。除此之外,复合材料结构设计需要考虑的制造工艺性约束更复杂,因此采用传统的人工调参方法难以解决,很难发挥复合材料的潜能。要解决复合材料结构各种参数的设计问题,必须借助的手段就是结构优化方法。

20 世纪 50 年代以后,随着数学规划和计算机技术的发展,计算力学、结构有限元分析方法与优化理论的完善,使飞行器结构设计从"分析和校核"进入"优化设计"的阶段,在很大程度上提高了结构设计质量的同时,大大缩短了设计的周期,结构设计从对设计人员依赖比较强的感性阶段到了更依赖于力学原理的理性阶段[3]。结构优化可以有效地降低结构重量,通过改变结构的尺寸、形状和拓扑等信息来寻求一种在目标函数意义上的最优结构形式。航空结构优化设计涉及基础数学知识、工程设计、优化理论及结构分析等多个领域,目标函数一般取结构的重量,同时要满足一定的性能约束。结构优化对于超出设计者

2

经验的大型复杂结构是一种很有价值的工具,已经在结构工程中得到了广泛地应用。资料表明,结构优化至少给 A380 带来了 10% 的减重效果。

翼面结构是飞机结构设计的重点与难点。相对于机身结构,翼面结构设计不仅仅要考虑常规的应力、应变、稳定性和刚度等因素,还需重点考虑气动载荷所带来的静、动气动弹性问题;因此,开展复合材料翼面结构的布局及详细阶段优化设计研究,可以弥补结构设计人员经验的不足和减少设计人员不利主观因素的影响,为具体的工程实际问题提供理性的指导,对于提高结构效率、减轻结构重量及提高飞机的性能,无疑具有重要的意义。

1.2　飞机翼面功能与设计要求

飞机翼面根据其位置和功能的不同分为机翼、垂尾、鸭翼及平尾等。机翼是飞机的最重要部件之一,也是飞机结构的主要承力和实现操纵的部件,其主要功用是产生升力,以平衡飞机的重量。机翼上经常布置多个活动翼面,如前缘襟翼、副翼、后缘襟翼和扰流板等,实现对飞机的操纵。前缘襟翼的功能是通过其偏转增大机翼翼型的弯度,增大失速攻角,提高气动性能;副翼用来增升与实现飞机的滚转运动;扰流板能够对飞机的滚转操纵起一定作用,还可以用来减速。电传飞行控制操纵飞机往往将各种操纵舵面进行综合考虑,通过计算机实现综合配平,达到更好的控制飞机的目的。机翼往往又是飞机重要部件的安装基础,大型飞机常安装有起落架、发动机、飞控舵面执行机构等其他部件。现代歼击机和歼击轰炸机往往在机翼下布置多种外挂,如副油箱和导弹、炸弹等军械设备。机翼的内部空间也很重要,可以用来收藏主起落架和整体油箱。此外,机翼内还要安装操纵系统和一些小型设备及附件[4,5]。

尾翼一般分为水平尾翼和垂直尾翼。水平尾翼用于保证飞机的纵向稳定性和操纵性;垂直尾翼用于保证飞机的航向稳定性和操纵性。对于鸭式布局飞机,取消了水平尾翼,鸭翼除了代替水平尾翼的功能,还可以带来气动性能和飞机机动性的好处。尾翼和鸭翼由于翼面结构高度低,很少布置设备,常采用全高度蜂窝或整体 RTM 多墙结构形式。

翼面结构设计要求与飞机结构设计的基本要求是一致的,只是由于各部件的功用不同,设计的侧重点也有所不同,具体设计要求如下:

1. 气动要求

翼面是产生气动力的主要部件,因此,首先要满足空气动力外形要求。为了提高升阻比,除了保证升力外,还要尽可能地减小阻力。结构设计时应主要从刚度、强度以及表面光滑度等方面来保证翼面气动外形要求。

2. 重量要求

在气动外形、装载和翼身连接形式已定的条件下,重量大小是翼面结构设计的主要要求。具体地说,就是在总体设计要求的前提下,设计出尽可能轻的结构。

3. 刚度要求

随着飞行速度的提高,翼载增大,特别是对于机动性能要求较高的歼击机,翼面的相对厚度越来越小,再加上后掠角的影响,导致翼面结构的扭转刚度、弯曲刚度越来越难以保证,这些将引起和加大翼面在飞行中的变形。高速飞行时,很小的变形就可能影响翼面的气动特性;刚度不足还会引起颤振和操纵面反效等严重问题。因此,保证足够的刚度十分重要。

4. 使用、维修性要求

飞机应该满足使用方便,便于检查、维护和修理的要求。当机翼作为整体油箱使用时,必须保证燃油系统工作的高度可靠性,包括油箱的密封性以及管路、设备的可达性等要求。当与结构重量要求相矛盾时,应优先保证燃油系统的可靠性。一般来说,飞机燃油系统很难设计得与结构同寿,因此,还需要在成品安装位置布置维护口盖。

5. 隐身要求

翼面是飞机主要的 RCS 反射部件。翼面的平面形状要保证水平面投影方向主反射波束最少,口盖、发光带等要进行隐身设计,还要考虑隐身可快速恢复设计。

1.3 典型翼面结构形式及传力分析

1.3.1 翼面结构形式

机翼结构形式取决于承载特点,复合材料机翼结构形式与金属机翼基本相同,一般分为梁式、单块式、多墙式和混合式。由于机翼受载较大,目前一般采用复合材料和金属混合结构。主要翼梁多采用金属材料,蒙皮、墙、长桁共同固化形成整体化复合材料结构。当制造和设计技术条件成熟时,也可选择全复合材料结构。

现代飞机机翼典型的结构形式主要有以下 4 种[3]:

(1)梁式。梁式机翼(图1-3)的主要特点是纵向布置有很强的翼梁,蒙皮较薄,长桁较弱。其优点是梁与梁之间间距大,能有效利用机翼内部空间,便于开口;翼身通过几个集中接头连接,拆装简便。梁式机翼中,长桁较弱,轴向刚度差,因此翼梁主要承受机翼的弯曲载荷;蒙皮较薄,能提供轴向刚度的能力较差,最佳受力特征是面内的剪切刚度较大。

(2)单块式。单块式机翼(图1-4)长桁较多、较强,蒙皮较厚;梁缘条面积与长桁面积相近或稍大,一般机翼做成整体贯穿机身;有时在展向设计分离面,

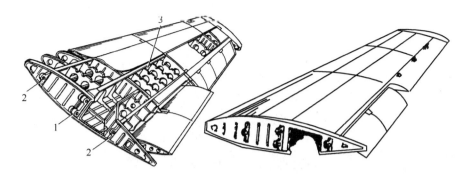

图 1-3　梁式机翼结构

1—主梁；2—铰支接头；3—主梁传弯接头。

分离面采用沿翼盒周缘分散连接,用多个接头与机身连接。其优点是结构刚度大,结构高度能充分利用,生存力强。缺点是不便于开口,周缘连接结构复杂,拆装困难,不宜采用中单翼布局。单块式机翼的翼梁或纵墙的缘条较弱,蒙皮与桁条组成的壁板承弯能力较强,大部分弯矩由上、下壁板组成的盒段来承受。在传力分析中,可假设将蒙皮承受正应力的能力折算到长桁中,壁板简化为只有缘条和长桁能承受轴向力。

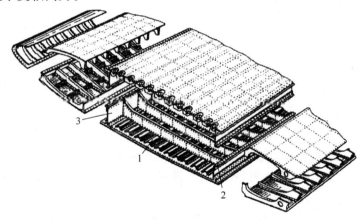

图 1-4　多梁单块式机翼结构

1—长桁；2—翼肋；3—墙或梁腹板。

　　(3)多墙式。多墙式机翼(图 1-5)用多个纵墙支撑上、下蒙皮抗弯。其特点是蒙皮厚、无长桁、翼肋少。根部通过若干短梁过渡与机身连接,其优、缺点基本与单块式相同。多墙式机翼的受力特点是,蒙皮的厚度大、承受轴向应力的能力强。

　　(4)混合式。由于现代歼击机要具备高速度、大载荷,因此单纯梁式已很少采用。除多墙式外,大多选用梁式和单块式的混合式机翼。这样易于发挥两种

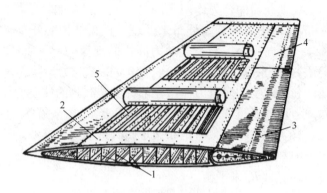

图 1-5　多墙式机翼结构

1—腹板；2—蒙皮；3—襟翼；4—副翼；5—翼梁。

形式各自的特点进行有利组合,达到较理想的设计效果。

1.3.2　传力分析

1. 机翼载荷

作用于机翼上的载荷主要有以下几种:

(1)气动力。以吸力和压力的形式直接作用在蒙皮上的气动力分布 q_a。

(2)分布质量力。分布在机翼整个结构的质量力和安装在机翼上的成品设备、燃油的分布质量力 q_c。

(3)集中质量力。与机翼连接的其他部件(如起落架发动机)、装载物(油箱、炸弹)以及各类增升翼面从它们的连接接头上传给机翼的力 p_p。这些力通过由机翼与机身的连接点的支反力来平衡。

机翼上气动荷分布如图 1-6 所示。图中,$c.g$ 为剖面刚心;$c.p$ 为压心;S_{sec} 为切割的局部机翼面积;Q_{sec} 为切割的局部机翼面积气动力合力;图 1-7 所示为在弯矩和扭矩作用下的机翼变形;y 为翼尖挠度变形;φ 为翼尖转角;q_B 为气动力。

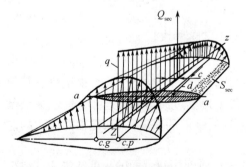

图 1-6　机翼上气动载荷分布

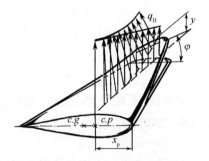

图 1-7　机翼在气动载荷下的变形

6

机翼剖面上气动载荷的合力作用于压力中心上,在机翼气动力的近似计算上,气动载荷一般按照沿展向椭圆分布来处理。机翼结构的分布质量力为空气动力的8%~15%,展向受力按与空气动力同样的规律分配。质量力 q_w 的作用点就是剖面的质心,一般位于距前缘40%~50%的弦长处。装在机翼内或悬挂在其上的各部件和装载物的质量力作用在部件或装载物的质心上。以上3类载荷引起的结构内力可以通过弯矩 M、剪力 Q 和扭矩 M_z 图来描述。

图1-8给出了直机翼剪力、弯矩和扭矩图。这里把机翼考虑成一个受分布的气动力 q_B,分布质量 q_w 和集中力 p_p 作用在双支点外伸梁上(支点在机身上),这些力由机身与支反力 R_f 来平衡。

$$Q = \int_{l/2}^{z} q(z)\mathrm{d}z + \sum P_p$$

$$M = \int_{l/2}^{z} Q(z)\mathrm{d}z \qquad (1.3-1)$$

$$M_z = \int_{l/2}^{z} q(z)\big[x(z) - x_p(z)\big]\mathrm{d}z$$

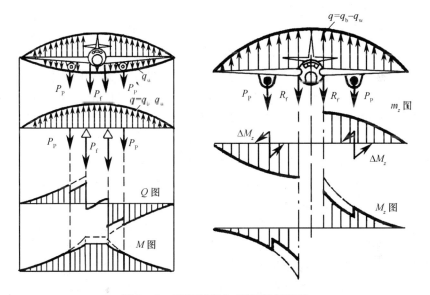

图1-8 直机翼剪力、弯矩和扭矩图

2. 传力分析

机翼由蒙皮和结构骨架两大部分组成。

蒙皮用来保持机翼外形和承载。蒙皮可将作用在上面的局部气动力传给结构骨架,在总体承载时,蒙皮还可以参与承受机翼的弯矩和扭矩。蒙皮结构由平板、加筋板、夹层板等形式组成。

结构骨架将蒙皮传来的局部气动力变为翼面的总体载荷,并与蒙皮组成翼盒传递总体载荷。该结构由梁、墙、加强筋等纵向骨架和加强肋或普通翼肋等横向骨架组成。

翼面传递总体载荷的方式是:剪力 Q_n 由翼梁或墙的腹板来传递;弯矩 M_n 由梁凸缘、筋条和蒙皮通过产生正应力来传递;扭矩 M_z 由蒙皮和梁(墙腹板)组成的单闭室或多闭室传递,在没有闭室的部位,由梁的参差弯矩来传递。普通翼肋起到维持翼型和对蒙皮加筋条提供支撑的作用的,同时将分布气动载荷变为剪力传给翼梁或墙,变为扭矩传给翼盒。加强肋除维持形状作用外,主要用来承受集中载荷,由它将集中载荷变为剪力传给翼梁或墙,变为扭矩传给闭室。在翼根部位,加强肋可将翼盒扭矩变为集中剪力传给接头或传力梁,实现扭矩的传递。

1.4　翼面结构优化理论与应用现状

1.4.1　翼面结构优化分类

对于翼面结构,减重是一个重要的设计目标。优化模型的目标函数一般为结构重量;也可以将结构重量作为一个约束条件,而将其他指标作为优化目标;结构零件的应力、应变、翼面的整体弯曲刚度、扭转刚度、结构的稳定性、翼面的静气弹、颤振一般作为约束条件;结构设计中以变量形式参与优化计算的量称为设计变量。设计变量、约束条件与目标函数一起构成了优化设计的数学模型。根据设计变量的选取不同,可以将结构优化分为3类:尺寸优化、形状优化和拓扑优化[6-8]。

尺寸优化最早应用到飞机翼面结构设计中,并且应用范围最为广泛。尺寸优化又叫截面优化,是指在确定的形状和拓扑下对组成结构元件的截面尺寸,如杆元件的截面面积、板元的厚度以及元件的截面惯性矩等进行的优化(图1-9)。尺寸优化是最基本的一种优化问题,大部分的优化算法都可以解决[9-11]。

形状优化(图1-10)通过改变结构的几何形状(边界形状或者内部结构形状),来达到改变结构目标函数特性的目的[12-15]。与结构的几何尺寸相比,结构的几何形状对结构的受力特性和重量等目标特性有更大的影响。形状优化不仅可以减轻结构重量,还可以减少应力集中、改善应力分布等。

拓扑优化(图1-11和图1-12)可以得到结构的构造模式,主承力结构的布局形式,在特定载荷下得到最优的结构形式,实现创新设计。拓扑优化中设计变量包括元件、连接点及支持条件的数目及空间排列顺序等[16-19]。

拓扑优化将优化空间上升至整个空间结构,需要确定的参数更多,在目标函

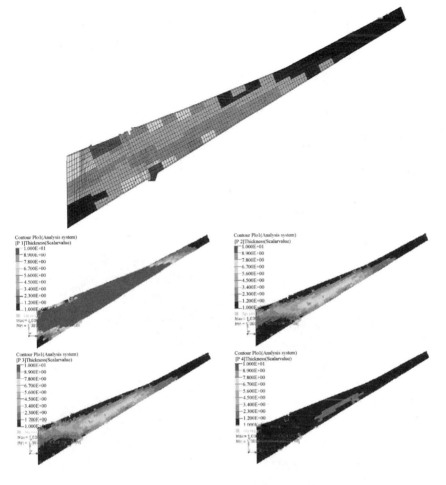

图1-9 飞机翼面结构尺寸优化结果

左上为0°层厚度;右上为+45°层厚度;左下为-45°层厚度;右下为90°层厚度。

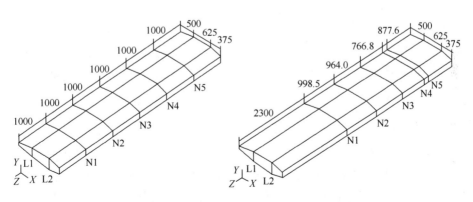

图1-10 飞机翼面结构形状优化(翼肋位置为设计变量)

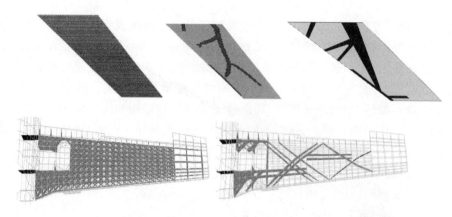

图 1 - 11　文献[19]中的机翼结构拓扑优化基结构及其优化结果

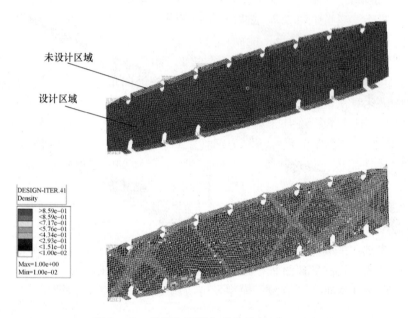

图 1 - 12　机翼加强肋拓扑优化结果(见彩插)

数上取得的收益更大,可以使最终设计更加合理、高效。在工程结构设计的初始阶段,拓扑优化能为设计者提供一个概念性设计,使结构在布局上采用最优方案。

1.4.2　优化方法

优化方法是翼面结构优化设计重要的研究内容,是翼面结构优化能否成功实施的关键。目前成熟的尺寸优化方法主要有两类:数学规划法与优化准则法。数学规划法包括线性和非线性规划,结合优化灵敏度分析,可以完成大部分的尺寸优化问题。基于数学规划的优化方法对设计变量的个数较为敏感,随着结构的复杂,设计变量个数的增加,所需计算工作量迅速增加或者优化效率下降。优化准则法根据结构的力学特性以及直观的物理观点,针对大型复杂结构制定的相应优化准则,比如基于同步失效的满应力准则、基于最大应变能原理的等应变比能准则等,并且在此基础上提出相应的设计变量迭代公式。该类方法对设计变量个数不敏感,收敛速度快,因而适合于大型工程结构的优化设计。但优化准则法对设计约束依赖性较强,对不同的约束条件要推导不同的力学准则,而且优化准则法缺乏严格的数学理论依据,难以保证优化的收敛性,因此得到的解有时不一定是最优解。将数学规划法与优化准则法进行融合,是解决各自算法缺点的重要研究方向[20]。

复合材料的铺层厚度与铺向角要受到制造加工等因素的制约[20],因此复合材料的优化问题往往是离散变量优化问题。对于该类问题,传统的数学规划方法将其按照连续变量进行处理,然后对优化结果进行圆整,然而,优化结果的最优性不能得到保证,有时甚至不能满足设计约束条件[21]。以遗传算法[22]、粒子群算法[23,24]与蚁群算法[25]为代表的新型智能优化算法对该类问题表现出很强的优势,并被成功地应用于复合材料的铺层参数、铺向角以及铺层顺序优化设计。智能优化算法能直接在离散空间进行求解,优化结果无需圆整,容易找到全局最优解,但该类算法基于群体进化的寻优机制,需要结构重分析次数较多,效率较低。将智能优化算法与局部搜索算子相结合,在优化初期使用全局寻优性强的智能优化算法找到一个较优的设计子空间,在此基础上使用局部搜索算子(梯度、复合形、模拟退火等)进一步寻优,形成组合算法,该类算法在克服两类算法缺点的同时发挥了各自的优点,具有较好的寻优效果和较高的优化效率。

形状优化在工程实际中实施难度较大,与尺寸优化相比,有以下难点:

(1)形状优化在实施过程中通常引起有限元模型的相应变化,需要定义相应的形状设计变量来驱动有限元模型发生协调变化,对于复杂的结构,实施起来难度较大。

(2)形状设计变量与尺寸设计变量对性态约束和目标函数的影响程度不同,将两类设计变量放在同一优化程序处理,由于两类设计变量梯度信息的量级不同,尺寸设计变量的梯度信息容易被淹没,不利于求解。

(3)形状设计变量与目标函数的非线性程度较高,很难给出一个具体的表达式,优化过程中结构分析次数较多[26,27]。

目前形状优化的主要方法有[12]以下几种:

(1)解析法。不论是尺寸设计变量还是形状设计变量均视为同类型的设计变量,用拉格朗日乘子把现有的约束最优化问题变换为无约束最优化问题,再令偏导数等于零,借助于解析法求解联立方程组。

(2)两相法。把尺寸变量与形状变量视为两个设计空间,但又有一定的关系,为此分两相进行:在相 I 中,给定形状设计变量空间中的一个设计点后,利用构件剖面尺寸的优化方法,求出对应于此点时的构件剖面尺寸;在相 II 中,目标函数可转化为仅是形状设计变量的函数,由于约束条件已满足,问题转化为以形状设计变量为变量的无约束最优化问题。

(3) 几何规划法。只要结构形状优化问题的数学模型能用多项式描述或可近似地化为多项式形式,均可利用几何规划法求解。

(4) 动态规划法。它主要运用于链式结构,把整个结构分成很多段,各段通过几个形状变量相互关联,列出每段的目标函数表达式,然后用动态规划法求解。

在拓扑优化领域,相关的理论较多,按照研究的结构对象可以分为两类处理方法:离散体拓扑优化方法(如桁架、刚架、加强筋板、膜等骨架结构及其组合)和连续体拓扑优化方法(如二维板壳、三维实体等)[28]。

离散体拓扑优化主要以桁架结构为研究对象,通过确定节点间单元的相互连接方式,同时包括节点的删除与增加,找到最合理的桁架布局形式[29-31]。离散体结构拓扑优化一般有两类处理办法,具体介绍如下:

(1) 利用相对成熟的尺寸优化、形状优化算法来解决拓扑优化问题,对于考虑满应力准则的单工况拓扑优化问题,可以使用线性规划来进行处理;对于考虑位移、应力、稳定性等约束问题的多工况拓扑优化问题,可以使用非线性规划方法来处理。

(2) 提出独立的拓扑设计变量,将拓扑优化问题作为独立的问题来处理。采用该策略的有 ICM 法[32,33],运用特定的关系映射反演,将独立的拓扑优化变量进行映射反演成连续变量,使用对偶理论求解。另外,也可以使用现代进化算法对离散体拓扑优化问题直接求解,然而由于进化算法对设计变量个数比较敏感,因此,对于复杂的结构拓扑优化问题,随着结构的复杂性增加,设计空间呈爆炸式增大,造成优化效率低下或者难以收敛,因此该方法的优化效率是个难以解决的问题。

连续体拓扑优化通常将设计区域划分为有限单元,依据一定的删除规则对部分单元进行删除,形成带孔的连续体,被保留单元形成一定的拓扑结构。目前,连续体结构拓扑优化方法比较成熟的有均匀化方法、变密度方法和渐进结构优化方法[34-38]。

(1) 均匀化方法是连续体结构拓扑优化的较为常用方法,其基本思想是在拓扑结构的材料中引入单胞微结构,将微结构的形式和几何尺寸参数定义为宏观材料在此点的弹性性质和密度。在优化过程中通过改变微结构的单胞尺寸,并以单胞尺寸的消长来实现微结构的增删,实现结构拓扑优化模型与尺寸优化模型的统一和连续化。

(2) 变密度方法是结构拓扑优化设计中的一种比较有效的方法,它假定了种密度可以改变(称为"伪密度")的材料,同时假定这种材料的宏观属性(如弹性模量、许用应力)与伪密度有着某种非线性关系,在优化的过程中,通过材料伪密度的分布情况可以确定材料的分布情况。这种方法将拓扑优化的 0 – 1 组合问题转化为连续变量优化的问题,通常以伪密度为设计变量,以结构的总柔顺性为目标函数,以保留体积比例为约束函数,通常采用准则法、数学规划法来求解。

（3）渐进结构优化方法的原理是:根据一定的优化要求和约束条件,制定相应的优化准则,将无效或者低效的材料一步步去掉,从而使结构逐渐趋于优化。在优化过程中,该方法采用固定的有限元网格,只需有限元建模一次,易与有限元软件结合,通用性较好。目前该方法已经成功用于应力、屈曲、位移、刚度优化,也可用于振动频率、响应等动力学拓扑优化。

1.4.3 优化软件及工程应用

目前,大部分大型的结构分析软件都有优化设计功能,其中,较为著名并得到业界广泛认可的 Nastran 优化序列具有尺寸、形状、拓扑 3 种优化功能,其优化模块由设计灵敏度分析及优化算法两部分组成,可对静力、模态、屈曲、瞬态响应、频率响应、气动弹性进行分析及优化设计,并且允许同时处理上百个设计变量和响应,广泛应用于复杂的航空航天结构中[39]。大型通用有限元分析软件 ANSYS 的优化程序提供了两种优化方法:零阶法和一阶法。零阶法是一种较完善的处理方法,可以很有效地处理大多数的工程问题;一阶法基于目标函数对设计变量的敏感程度,因此更加适合于精确的优化分析。

美国 Altair 工程软件有限公司的 HyperWorks 软件是实现优化驱动的产品设计过程的先行者,为用户提供了优秀的前处理工具 HyperMesh,用于实现结构优化设计的 OptiStruct 技术以及全面而通用的 CAE 后处理环境 HyperView。Altair OptiStruct 是一个以有限元法为基础,面向产品设计、分析和优化的有限元/结构优化求解器,提供了较全面的优化方法,包括拓扑优化、形貌优化、尺寸优化、形状优化以及自由尺寸和自由形状优化,这些方法可以对静力、模态、屈曲和频响等分析过程进行优化,其稳健、高效的优化算法允许在模型中定义上百万个设计变量,支持常见的结构响应,如位移、速度、加速度、应力、应变、特征值、屈曲载荷因子、结构柔度以及各响应量的组合等。此外,OptiStruct 还提供了丰富的参数设置,包括优化求解参数和制造加工工艺参数等,方便用户对整个优化过程进行控制,确保优化结果便于加工制造,因此极具工程实用价值。

COMPASS[40]（COMPosite structure Analysis and Synthesis System）是由航空研究院组织开发的大型复合材料结构分析与设计软件,主要用于飞机初步设计和初步详细设计阶段,对复合材料翼面结构(含金属及金属/复合材料混合结构)进行各种结构分析,并综合考虑结构静力、动力、静气弹(效率、发散)和颤振约束要求,实现按分层进行复合材料结构的优化设计剪裁。该软件的研制成功,对提高飞机性能、减轻结构重量、缩短设计周期、减少所需投资具有重要意义,为我国航空结构采用复合材料主承力结构提供了有效的设计手段。系统目前共有22个固定流程、1290个子程序、8.2万条FORTRAN语句,自运行以来,该系统不断得到维护和发展,并在航空航天等20几个重大工程项目中得到应用,取得显著的社会经济效益,该软件属于国内先进水平,在某些方面达到国外近期水平。目前,COMPASS已经发展到COMPASS 6.0版本。

国外大型航空航天企业已经在飞行器的结构设计中引入结构优化设计技术,取得了比较显著的减重效果。空客A380前缘翼肋采用拓扑优化,减重效果达44%(图1-13);空客A350后机身19区的设计以A330后机身对应舱段为原型,利用结构优化设计技术进行布局优化设计,在应力水平保持不变的情况下,结构重量降低10%(图1-14);EADS在A400M的后机身设计中,将优化设

图1-13　A380前缘翼肋的拓扑优化(减重44%)

A330原型(左)与A350优化结果(右)应力水平比较

图1-14　空客A350后机身优化设计

14

计技术的应用从零件级拓展到了整个后机身系统级的设计(图 1 - 15);波音公司利用拓扑优化技术对 CH - 47 直升机后部登机门进行重新设计,在刚度有所改善的情况下,登机门重量降低 17% (图 1 - 16)。该项目的成功应用使波音公司决定在 787 飞机翼肋设计中也引入结构优化设计技术;洛克希德马丁公司在 F35 项目初始设计严重超标的背景下,在结构设计中引入优化设计技术,使机体结构重量达到了设计要求(图 1 - 17)。

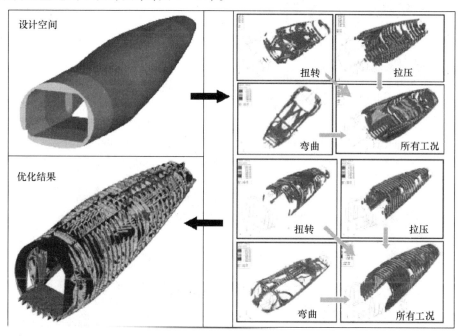

图 1 - 15　EADS 在 A400M 的后机身设计

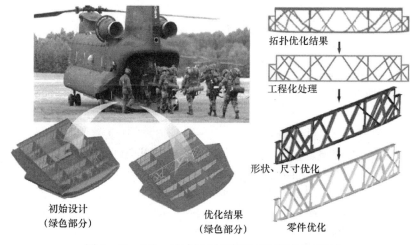

图 1 - 16　CH - 47 直升机后部登机门(减重 17%)

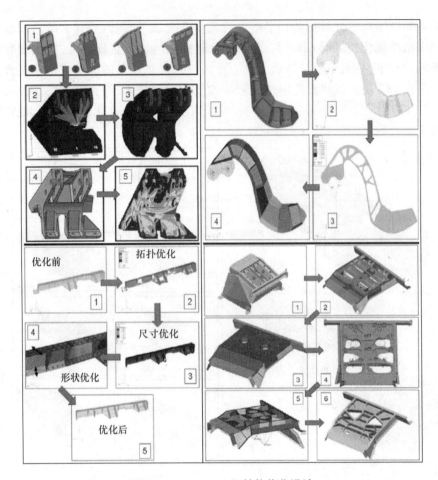

图 1 - 17　F - 35 飞机结构优化设计

参 考 文 献

[1] James H, Stames Jr, Raphael T, et al. Preliminary Design of composite wings for buckling strength and displacement constraints[J]. Journal of aircraft, 1979, 16(8): 564 - 570.

[2] Venkataraman S, Lamberti L, Haftka R T. Challenges in comparing numerical solutions for optimum weights of stiffened shell[J]. Journal of spacecraft and rockets. 2003, 40(2): 183 - 192.

[3] 陶梅贞. 现代飞机结构综合设计[M]. 西安: 西北工业大学出版社, 2001.

[4] 郦正能. 飞行器结构学[M]. 北京: 北京航空航天大学出版社, 2003.

[5] 飞机设计手册总编委会. 飞机设计手册[M]. 北京: 航空工业出版社, 2000.

[6] Catley D, Lehmann E, Maniar N. et al. Design optimization: A state of the art review[J]. Marine Structures, 1990, 3(5): 343 - 390.

[7] Mayne D Q, Polak E, Sangiovanni - Vincentelli A. Computer aided design via optimization: A review[J].

16

Automatica,1982,18(2):147 - 154.

[8] Jasbir S, Arora. Computational design optimization: A review and future directions[J]. Structure safety, 1990,7(2 - 4):131:148.

[9] 朱伯芳,黎展眉,张壁城. 结构优化设计原理与应用[M]. 北京:水利水电出版社, 1984.

[10] 徐锦康. 机械优化设计[M]. 北京:机械工业出版社,1995.

[11] 夏利娟,郑靖明,金咸定. 工程结构的优化设计方法与应用[J]. 上海交通大学学报,2002,36(11): 1573 - 1576.

[12] 隋允康. 建模·变化·优化[M]. 大连:大连理工出版社,1996.

[13] 王伟,赵美英,常楠. 某型机翼内翼结构几何优化设计[J]. 强度与环境,2006,33(3):56 - 60.

[14] 王伟,赵美英,赵锋,等. 基于复合形与神经网络的机翼结构优化设计[J]. 强度与环境,2006,33 (4):44 - 48.

[15] 王伟,赵美英,赵锋,等. 基于人工神经网络技术的结构布局优化设计[J]. 机械设计,2006,23(12): 7 - 10.

[16] 周克民,李俊峰,李霞. 结构拓扑优化研究方法综述[J]. 力学进展,2005,35(1):69 - 76.

[17] Rozvany G I N, Bendsoe M P, Kirsch U. Layout optimization of structures[J]. Applied mechanics reviews, 1995,48(2):41 - 119.

[18] Rozvany G I N. Aims, scope, method, history and unified terminology of computer aided topology optimization in structural mechanics[J]. Structural optimization,2001,21(2):90 - 108.

[19] Vladimir O. Balabanov, Raphael T. Haftka, Topology optimization or transport wing internal structure[C]. AIAA - 94 - 4414 - CP:1395 - 1406.

[20] 丁运亮. 结构优化设计. 北京:航空工业出版社,2001.

[21] Liu B, Haftka R T, Akgun M A. Two level composite wing structural optimization using response surfaces [J]. Structural and multidisciplinary optimization, 2000,20(2):87 96.

[22] Almeida F S, Awruch A M. Design optimization of composite laminated structures using genetic algorithms and finite elements analysis[J]. Composite structures,2007,88(3):443 - 454.

[23] Suresh S, Sujit P B, Rao A K. Particle swarm optimization approach for multi - objective composite box - beam design[J]. Compos. Struct. ,2007,81(4):598 - 605.

[24] Nan C, Wei W, Wei Y, et al. Ply Stacking Sequence Optimization of Composite Laminate by Permutation Discrete Particle Swarm Optimization[J]. Structural & multidisciplinary optimization,2010,41(2):179 - 188.

[25] Wei W, Guo S, Nan C, et al. Optimum buckling design of composite stiffened panels using ant colony algorithm[J]. Composite structures. 2010,92(3):712 - 719.

[26] Yeh L H. A review of structural shape optimization[J]. Computers in industry,1994,25(1):3 - 13.

[27] Rahami H, Kaveh A, Gholipour Y. Sizing geometry and topology optimization of trusses via force method and genetic algorithm[J]. Engineering structures,2008,30(9):2360 - 2369.

[28] 左孔天. 连续体结构拓扑优化理论与应用研究[D]. 武汉:华中科技大学,2004.

[29] Vedat togan, Ayse T. Daloglu. Optimization of 3d trusses with adaptive approach in genetic algorithms[J]. Engineering Structures, 2006,28(7):1019 - 1027.

[30] Oleda S S. An interactive system for truss topology design[J]. Advances in engineering software,1996,27 (1 - 2):167 - 178.

［31］ Hajela P, Lee E. Genetic algorithms in truss topological optimization［J］. International journal of solids and structures, 1995,32(22):3341 - 3357.

［32］ 隋允康,彭细荣,叶红玲. 应力约束全局化处理的连续体结构 ICM 拓扑优化方法［J］. 工程力学, 2006,23(7):1 - 7.

［33］ 隋允康,于新,叶宝瑞. 应力与位移约束下桁架拓扑优化的有无复合体方法［J］. 固体力学学报, 2004,25(3):355 - 359.

［34］ Behrooz Hassani, Ernest Hintion. Homogenization and Structural topology optimization［M］. London: Springer-Verlag Limited, 1999.

［35］ Bendsoe M P, Sigmund O. Topology optimization: theory, method, and application［M］. New York: Spring,2003.

［36］ Rietz A. Sufficiency of a finite exponent in SIMP(Power law) methods［J］. Structural and Multidisciplinary Optimization,2001, 21(2):159 - 163.

［37］ Huang X, Xie Y M. A new look at ESO and BESO optimization methods［J］. Structural and Multidisciplinary Optimization,2008:35(1):87 - 92.

［38］ Xie Y M, Steven G P. Evolutionary Structural optimization for dynamic problems［J］. Computer& Structures,1996,58(6):1067 - 1073.

［39］ MSC. Design sensitivity and optimization. MSC. Nastran 2004,User's Guide,2004.

［40］ 常亮,王立凯. 在型号应用中不断发展的 COMPASS［J］. 结构强度研究,2010,(3):48 - 55.

第2章　翼面结构优化的数学模型

一般来说,直接对复杂的工程优化问题进行分析和求解比较困难,往往需要进行合理的抽象建模和简化。结构优化的首要问题是对工程问题进行合理的分析,抓住主要矛盾,建立既能反映工程问题的物理本质,又便于使用数学手段求解的数学模型。通常结构优化的数学模型通用性比较强,得到优化数学模型后,根据类别的不同,采用相应的优化方法来求解,往往能达到事半功倍的效果,因此,结构优化的数学建模十分重要,是优化能否成功实施的关键。

2.1　结构优化三要素

2.1.1　设计变量

设计变量是指结构设计中需要确定的独立变量,一般包括:结构元件尺寸,如杆元的长度、横截面积、板元厚度、梁元惯性矩、复合材料层合板的铺层数目及铺层角度等;结构形状参数,如桁架结构节点位置、机翼的翼梁位置等;结构拓扑参数,如机翼梁和翼肋的数目、位置等。设计变量的个数代表设计空间的维数[1]。

$$X = \begin{Bmatrix} x_1 \\ \vdots \\ x_n \end{Bmatrix} \tag{2-1}$$

一个 X 向量,设计空间内的一个点代表一个结构设计方案。设计变量多,设计空间维数多,设计自由度大,但寻优难度也大,计算工作量大,所以对一个工程结构设计问题,为了方便问题的解决,要抓住主要矛盾,选取较重要的变量作为设计变量,其他变量可根据经验设定为常数;或者将设计变量按照实际的物理关系进行关联,以减少设计变量个数。

2.1.2　目标函数

目标函数是指设计者希望达到的目标,如结构重量最轻(体积最小)、结构位移最小、费用最小、结构刚度最大及颤振速度最高等,这些目标是优化设计中需要优化改善的参数,是设计变量的函数,是一个标量。

$$f(\boldsymbol{x}) = f(x_1, \cdots, x_n) \tag{2-2}$$

如翼面结构的重量为目标函数,设杆元长度 l_i 和质量密度 ρ_i 为常数,杆的横截面积 A_i 为设计变量,则

$$w(\boldsymbol{A}) = \sum_{i=1}^{n} \rho_i l_i A_i \qquad (2-3)$$

通常结构设计的目标函数不止一个,如要求结构重量尽可能轻,同时节点位移尽可能小,这是多目标优化问题,是向量优化。

$$\boldsymbol{f}(\boldsymbol{x}) = (f_1(\boldsymbol{x}), f_2(\boldsymbol{x}), \cdots, f_m(\boldsymbol{x})) \qquad (2-4)$$

2.1.3 约束条件

优化设计是在一定的约束条件下进行的,约束条件是设计变量的函数,有等式约束和不等式约束,见式(2-5)、式(2-6),即

$$h_i(\boldsymbol{x}) = 0 \quad i = 1, \cdots, m \qquad (2-5)$$

$$g_j(\boldsymbol{x}) \leqslant 0 \quad j = 1, \cdots, p \qquad (2-6)$$

设计变量的边界约束,有

$$x_{i\min} \leqslant x_i \leqslant x_{i\max}$$

$$g_1(\boldsymbol{x}) = x_{i\min} - x_i \leqslant 0 \qquad (2-7)$$

$$g_2(\boldsymbol{x}) = x_i - x_{i\max} \leqslant 0 \qquad (2-8)$$

结构元件应力小于许用应力,即

$$\sigma_i(\boldsymbol{x}) \leqslant [\sigma]_i$$

$$g_i(\boldsymbol{x}) = \frac{\sigma_i(\boldsymbol{x})}{[\sigma]_i} - 1 \leqslant 0 \qquad (2-9)$$

约束函数的边界把设计空间分为可行区域和不可行区域,满足约束条件的空间为可行区域,可行区域内的设计点为可行点,最优设计必须在可行区域内,一般都在约束边界上,如图2-1所示。由不等式约束的边界 $g_1(\boldsymbol{x}) = 0$、$g_2(\boldsymbol{x}) =$

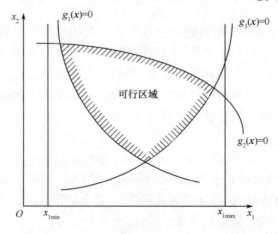

图2-1 约束函数的可行区域示意图

20

$0 \cdot g_3(r) = 0$ 构成可行区域并作为主动约束,变量 x_1 的上下限约束 $x_{1min} \leqslant x_1 \leqslant$ x_{1max} 为非主动约束。一般来说,考虑到设计变量一般设置在上下限约束内变化,在优化设计过程中只有主动约束起作用。

2.2 翼面结构尺寸优化数学模型

翼面结构尺寸优化的数学模型可表示为

$$\begin{cases} \min_A W = W_0 + \sum_{i=1}^{n} \alpha_i \gamma_i L_i A_i \\ \text{s.t.}\quad g_i^{\sigma} = [\sigma] - \alpha_i \sigma_{imax} \geqslant 0 \\ \quad g_{jl}^{u} = [u_{ji}] - u_{ji} \geqslant 0 \\ \quad A_{imin} \leqslant A_i \leqslant A_{imax} \\ \quad A_i = \begin{cases} A_i, & \alpha_i = 1 \\ \varepsilon, & \alpha_i = 0 \end{cases} \end{cases} \qquad (2-10)$$

式中:A 为元件的尺寸设计变量(杆件的横截面积或板的厚度);L 为杆件的长度或板的面积;γ 为该组元件的密度;i 为元件的组数;当 $\alpha_i = 0$ 时,表示该组元件被删除,$\alpha_i = 1$ 时,该组元件被保留;W_0 为被动元件总重量;W 为结构总重量;$[\sigma_i]$ 和 σ_{imax} 分别为第 i 组元件的应力许用值和第 i 组元件的应力最大值;$[u_{jl}]$ 和 u_{jl} 分别为特定结点 j 在给定方向 l 上的位移许用值和实际值。

2.3 翼面结构形状优化数学模型

相关文献研究了等载荷情况下,翼面其他部件尺寸均不发生变化时,机翼前梁位置发生变化时机翼中最大应力和整体位移的变化情况。结果表明,机翼最大应力发生了兆帕级的变化,结构的最大位移值发生了厘米级的变化[2]。

事实上,翼梁(墙)的变化将引起整个机翼结构的传力路径的变化以及载荷重新分布,从结构优化的角度来说,当翼梁(墙)的位置发生变化时,机翼的其他部件的几何尺寸应该做相应的调整,调整后的机翼结构性能方能代表翼梁(墙)新的位置时的结构特性。考虑到这一点,在研究翼梁(墙)位置对结构性能的影响时,对不同翼梁(墙)位置的机翼结构进行考虑刚度和强度的尺寸优化设计,并将优化后的机翼结构重量作为表征不同翼梁(墙)位置优劣的一个指标[3,4]。

机翼结构形状优化问题定义为:以翼梁位置与其他元件尺寸作为设计变量,其中,翼梁位置为形状设计变量,尺寸设计变量包括蒙皮厚度、梁腹板厚度及梁缘条面积等。取机翼总重量为目标函数,考虑强度约束和刚度约束,因此本优化

模型实际上是尺寸设计变量与形状设计变量耦合在一起的结构优化设计。其数学模型为

$$
\begin{cases}
\min f(\boldsymbol{X}_1, \boldsymbol{X}_2) & \boldsymbol{X}_1, \boldsymbol{X}_2 \in R \\
\text{s.t.} \qquad g_k(\boldsymbol{X}_1, \boldsymbol{X}_2) \geqslant 0 & k = 1,2,3,\cdots,K \\
X_i^{(l)} \leqslant X_{1i} \leqslant X_j^{(u)} & i = 1,2,3,\cdots,n \\
X_j^{(l)} \leqslant X_{2j} \leqslant X_j^{(u)} & j = 1,2,3
\end{cases}
\tag{2-11}
$$

式中:$\boldsymbol{X}_1$ 与 $\boldsymbol{X}_2$ 分别为尺寸设计变量与形状设计变量;$f(\boldsymbol{X}_1,\boldsymbol{X}_2)$ 为结构总重量; $g_k(\boldsymbol{X}_1,\boldsymbol{X}_2)$ 为结构需要满足的各种约束函数。

2.4 翼面结构拓扑优化数学模型

拓扑优化目前有两大研究方向:连续体拓扑优化方法和离散体拓扑优化方法[5-7]。

对于变密度法的拓扑优化问题,一般要进行结构有限元离散化,以便给结构的各个部分进行属性参数化,其数学模型一般可以描述为

$$
\min \qquad c(x) = \boldsymbol{U}^{\mathrm{T}} \boldsymbol{K} \boldsymbol{U} = \sum_{e=1}^{N} (x_e)^p \boldsymbol{u}_e^{\mathrm{T}} \boldsymbol{k}_0 \boldsymbol{u}_e \tag{2-12}
$$

$$
\text{s.t.} \qquad \frac{V(x)}{V_0} = f
$$

$$
\boldsymbol{K} \boldsymbol{U} = F
$$

$$
0 < x_{\min} \leqslant x \leqslant 1
$$

式中:c 为结构的总柔顺性,也就是总应变能;$\boldsymbol{U}$ 为结构的位移向量;$\boldsymbol{K}$ 为结构的刚度矩阵;x_e 为单元的虚拟密度;$\boldsymbol{k}_0$ 为单元刚度矩阵;$\boldsymbol{u}_e$ 为单元位移向量;V 为要保留的材料体积,其一般为虚拟密度与单元真实体积加权之和;V_0 为结构总体积。

机翼结构离散体拓扑优化数学模型定义如下:

对于机翼结构离散体拓扑优化问题,实际上就是对于给定的几何外形,如何确定纵、横骨架的数目、位置以及各组成元件的尺寸,使机翼在满足一定的约束条件下的结构重量最小。以多梁多墙机翼结构为例,机翼结构离散体拓扑优化数学模型可以表示为

$$
\text{find} \qquad \boldsymbol{\alpha} = [\alpha_1, \alpha_2, \cdots, \alpha_n]^{\mathrm{T}}, \boldsymbol{A}_{\mathrm{cap}} = [A_{\mathrm{cap}}^1, A_{\mathrm{cap}}^2, \cdots, A_{\mathrm{cap}}^n]^{\mathrm{T}}
$$

$$
\boldsymbol{T}_{\mathrm{web}} = [T_{\mathrm{web}}^1, T_{\mathrm{web}}^2, \cdots, T_{\mathrm{web}}^n], \boldsymbol{T}_{\mathrm{skin}} = [T_{\mathrm{skin}}^1, T_{\mathrm{skin}}^2, \cdots, T_{\mathrm{skin}}^m]
$$

$$
\min \quad W = W_0 + \sum_{i=1}^{m} \rho S_{\mathrm{skin}}^i T_{\mathrm{skin}}^i + \sum_{i=1}^{n} \rho \beta_1^i T_{\mathrm{web}}^i S_{\mathrm{web}} + 2 \sum_{i=1}^{n} \rho \beta_2^i A_{\mathrm{cap}}^i L_{\mathrm{cap}}^i \tag{2-13}
$$

$$\text{s. t.} \quad g_k(\boldsymbol{\alpha}, \boldsymbol{A}_{\text{cap}}, \boldsymbol{T}_{\text{web}}, \boldsymbol{T}_{\text{skin}}) \geq 0 \quad k = 1, 2, \cdots, K$$

$$\beta_1^i = \begin{cases} 1, & \alpha_i = 1 \\ 1, & \alpha_i = 2 \\ 0, & \alpha_i = 3 \end{cases} \quad \beta_2^i = \begin{cases} 1, & \alpha_i = 1 \\ 0, & \alpha_i = 2 \\ 0, & \alpha_i = 3 \end{cases}$$

式中：$\boldsymbol{\alpha}$ 为拓扑设计变量；$\boldsymbol{A}_{\text{cap}}$ 与 $\boldsymbol{T}_{\text{web}}$ 分别为翼梁的缘条面积和腹板厚度；$\boldsymbol{T}_{\text{skin}}$ 为蒙皮厚度；S_{skin} 与 S_{web} 分别为蒙皮与翼梁腹板的厚度；W 与 W_0 分别为机翼结构的总重量与不参与结构优化的部件结构重量。

2.5　复合材料结构优化数学模型

复合材料结构优化问题有其特殊性，首先表现在复合材料层合板的设计变量铺层角度、铺层厚度要考虑工程制造约束，往往都是离散设计变量；铺层角度、铺层厚度与铺层顺序优化问题在数学上都是典型的组合优化问题[8,9]。

1. 铺层厚度优化

考虑制造工艺性要求和各种性能约束，以结构重量为目标函数。复合材料层合板的铺层厚度优化模型可以描述为

$$\min \quad W = \sum_{i=1}^{n} W_i = \sum_{i=1}^{n} \rho_i t_i S_i \qquad (2-14)$$

$$\text{s. t.} \quad g_j(t_i) \leq 0 \quad j = 1, 2, \cdots, h$$

$$t_i \in \{T_1, T_2, \cdots, T_l\}$$

式中：W 为结构质量；W_i 为第 i 层质量；ρ_i 为第 i 层材料密度；t_i 为第 i 层厚度；S_i 为第 i 层材料面积；T_i 为考虑制造约束的可选厚度离散值；$g_j(t_i)$ 为指定的优化约束条件。

2. 铺层角度优化

铺层角度优化是在不改变层合板厚度的情况下，考虑强度、刚度约束，通过优化层合板的铺层角度可以有效提高机翼蒙皮的抗失稳能力，复合材料层合板铺层角度优化模型可以描述为

$$\min \quad F_{\text{obj}} = \frac{1}{F_{\text{bcr}}} = \frac{1}{F(T_s, T_b)} \qquad (2-15)$$

$$\text{s. t.} \quad W_{\text{total}} = 常数$$

$$g(\theta) \leq 4$$

式中：F_{obj} 为优化问题的目标函数，定义为结构屈曲载荷因子 F_{bcr} 的倒数；$g(\theta)$ 为相同铺层角的连续层数；W_{total} 为结构总重量。

3. 铺层顺序优化问题

铺层顺序优化问题可以描述为:考虑铺层对称、均衡约束,为了减小层间破坏,相同铺向角单层板连续层数不超过 4 层;通过调整铺层顺序,来达到层合板的屈曲载荷的最大化。为了满足对称约束,同时减少优化迭代工作量,只需取一半层合板进行优化;取最小铺层单元为 0_2,± 45,90_2,即可在优化设计中满足均衡约束。优化模型为

$$\text{max} \qquad f(\boldsymbol{\alpha}) = f(\boldsymbol{\alpha}^*) \qquad\qquad\qquad (2-16)$$
$$\text{s. t.} \qquad \boldsymbol{\alpha} \in \{A \mid \alpha_1, \alpha_2, \cdots, \alpha_N \text{ 组成的角度向量}\}$$

式中:$f(\boldsymbol{\alpha})$ 为目标函数,设计变量为铺层角 $\alpha_1, \alpha_2, \cdots, \alpha_N$ 的排列次序;$\boldsymbol{\alpha}^*$ 为最优的一组铺层顺序向量。

目标函数为结构的最大失效载荷(考虑屈曲和强度),设计变量为各铺层的铺层顺序。

参 考 文 献

[1] 李为吉,宋笔锋,孙侠生,等.飞行器结构优化设计[M].北京:国防工业出版社,2005.

[2] 刘明辉.免疫算法原理应用研究及机翼结构布局优化[D].西安:西北工业大学,2006.

[3] 邓扬晨,张卫红,万敏.飞机活动翼面的结构布局优化方法研究[M].力学与实践,2004,26(5):14 - 17.

[4] 何林涛,万小朋,赵美英,等.布局优化和尺寸优化相结合的复合材料机翼优化设计[J].中国机械工程,2008,9.

[5] Rozvany G I N. Aims, scope, method, history and unified terminology of computer aided topology optimization in structural mechanics[J]. Structural optimization,2001,21(2):90 - 108.

[6] 赵丽红,郭鹏飞,孙洪军,等.结构拓扑优化设计的发展、现状及展望[J].辽宁工学院学报,2004,24(1):46 - 49.

[7] 荣建华,谢亿民,姜节胜.渐进结构优化设计的现状与进展[J].长沙交通学院学报,2001,17:16 - 23.

[8] 常楠,赵美英,王伟,等.基于 PATRAN/NASTRAN 的复合材料机翼蒙皮优化设计[J].西北工业大学学报,2006,24(3):326 - 329.

[9] Nan C,Wei W,Wei Y,et al. Ply Stacking Sequence Optimization of Composite Laminate by Permutation Discrete Particle Swarm Optimization[J]. Structural & multidisciplinary optimization. 2010,41(2):179 - 188.

第3章 最优化基本理论

优化理论是解决优化问题的关键,有了优化理论,才有了真正意义上的优化设计,这是手工结构设计"改进"与结构优化的根本区别。早期的优化理论主要是基于数学函数的最优化理论,后来发展了针对具体工程问题的优化准则法。近年来,出现了以遗传算法、粒子群算法等为代表的人工智能优化算法,并在结构优化中获得成功的应用。优化算法种类繁多,各有利弊,每种优化算法都有其特定的适用范围。因此,掌握优化算法的基本原理,在实际工程优化问题中选用合适的优化算法,对于解决优化问题不仅有事半功倍的效果,甚至关系到优化的成败。本章重点介绍工程上常用的优化准则法和近年来获得较大关注和发展的人工智能算法以及拓扑结构优化相关算法。数学规划法相关理论已经比较完备和成熟,感兴趣的读者可以参阅文献[1-5]。

3.1 优化准则法

优化准则法最初应用在以应力为约束的桁架重量最轻设计中,如"同步失效准则"和"满应力设计",而且所获得的优化设计方案可能为局部最优解而不是重量最轻的设计方案。但是,由于它具有收敛速度快、迭代次数少且与结构大小及结构复杂程度无关等特点,所以逐步被推广应用于解决具有位移(变形)、固有频率约束及多工况、多约束的结构优化设计问题[1-5]。特别是,由于有限元法在结构分析中的广泛应用,如可以用有限元法(以板、梁等作离散单元)计算结构的性能(如位移或变形、固有频率、振型等响应量)及其导数,使得优化准则法的应用范围大大扩大。下面对工程中常用的优化准则法进行描述。

3.1.1 满应力法

1. 基本满应力法

满应力法是最基本的准则法,其原理认为:结构在多种载荷状态下,若各元件的最大应力(各自对应于某一载荷状态)都达到(或接近)许可应力,则此时结构重量最轻。根据此种满应力条件所选的设计变量(称为满应力设计),即认为最优解。

25

工程设计中需通过一定迭代步骤达到满应力状态。建立迭代模型前需明确 3 个问题：一是初始值的选取；二是给出迭代公式；三是给出收敛的点（可近似认为已得到最优解）的判别式。

对满应力法而言，初始值的选取一般与收敛速度快慢、收敛至何处关系不大。有两种初始值取法：按经验法和初始计算法。

满应力的迭代公式是基于这样一个思路，认为下一步各元件达到满应力，且假定在迭代时各元件的内力不变。故迭代式为

$$\sigma_i^{(k)} A_i^{(k)} = [\sigma_i] A_i^{(k+1)} \tag{3-1}$$

式中：带括号的上标为第 k 步或 k 点的数据；$\sigma_i^{(k)}$ 为 i 元件在各种载荷状态下的最大应力。

式（3-1）可以变为

$$A_i^{k+1} = \frac{\sigma_i^{(k)}}{[\sigma_i]} A_i^k \tag{3-2}$$

式中：$\dfrac{\sigma_i^{(k)}}{[\sigma_i]}$ 为 i 元件的应力比（分子、分母的正负号应对应）。

为了书写简单，令

$$h_i^{(k)} = \frac{\sigma_i^{(k)}}{[\sigma_i]} \tag{3-3}$$

则有迭代式

$$A_i^{k+1} = h_i^{(k)} A_i^k \tag{3-4}$$

若有 n 种载荷情况，则有 n 个 $h_i^{(k)}$（即 $h_1^{(k)} h_2^{(k)} \cdots h_n^{(k)}$），在式（3-4）中，应取其最大者。

可从下述物理概念对迭代公式加以解释：当应力比大于 1 时，代表 i 元件强度不够，故面积乘以大于 1 的系数；当应力比小于 1 时，代表 i 元件有强度富余，故面积应乘以小于 1 的系数。

收敛准则按原假设，理论上应为

$$h_1 \cong h_2 \cong \cdots \cong h_k \rightarrow 1 \tag{3-5}$$

实际上，因为还有最小尺寸限制等额外约束条件，不能达到上述收敛准则，且完全收敛到式（3-5）的时间也太长。故，可采用下述准则，即

$$d^{(k)} = \left| \frac{W^{(k+1)} - W^{(k)}}{W^{(k)}} \right| \leqslant |\varepsilon| \tag{3-6}$$

ε 根据精度要求确定。

在实际工程优化中还需要考虑最小尺寸限制，如板结构的最小可制造厚度

等。一般有两种方法:一种方法为先用一般的满应力算完后再考虑;另一种为将最小尺寸限制也作为一条约束,每步都需考虑。原理非常简单,即在迭代时增加一个判断过程。

满应力法的缺点为当没有最小尺寸限制时,静不定结构的满应力点有可能是退化了的静定结构(静定结构当然以满应力为最轻),且非理论最优解。但实际上,结构是有最小尺寸限制的,且根据目前对机翼、机身所做多变量满应力(带最小尺寸约束条件)设计计算情况看,一般收敛效果较好,大致迭代 10 次即可得到一个较满意结果。所以,满应力法是解决多变量结构优化设计的有效工具。

2. 加权满应力法

为了提高满应力法的效率,可以采用加权满应力迭代式,即

$$A_i^{(k+1)} = \left(\frac{\sigma_i^{(k)}}{[\sigma_i]} \right)^\beta A_i^{(k)} \tag{3-7}$$

当 β 增大时,A_i 的变动量就增大,有时为了增加初始几步的步长,取 $\beta = 1.2$。正常情况下取 $\beta = 1$,$\beta = 1 \sim 1.2$ 是适应于许用应力 $[\sigma]$ 为指定常数的情况。当变量为板厚 t,而许用应力 $[\tau]$ 考虑稳定性时,$\beta = 0.33$。

3. 射线步满应力法

从理论上讲,满应力法有一个缺点,即它与重量无直接关系。射线步满应力法把满应力法与重量的大小联系起来,该方法可以分为两步:一是射线步(或称比例步),即一步走到约束边界上,计算其重量;二是满应力步,以上一步的约束边界上的点为起点,走一步满应力步。

这样射线步和满应力步交替进行,在约束边界上计算重量,当重量从大至小又增大时,即表示经过一局部最优点。若该边界为凸边界,则该局部最优点为总体最优点。一般对于较复杂的结构,可行区间边界不一定是凸边界,因此要采用以前的收敛准则公式。

射线步的迭代式为

$$A_i^{(2k)} = h_{\max}^{(2k-1)} A_i^{(2k-1)} \tag{3-8}$$

其中,

$$h_{\max}^{(2k-1)} = \max(h_1^{(2k-1)}, h_2^{(2k-1)}, \cdots, h_n^{(2k-1)}) \tag{3-9}$$

式中:h 定义为应力比。

射线步有下述 3 个特点:

(1) 在走射线步时,由于各元件变量都乘同一常数(用 β 表示),故元件内力不变,而应力则为原应力的 $1/\beta$ 倍,其物理意义为若各元件面积增加至 β 倍,则位移减少至 $1/\beta$ 倍,应力减少至 $1/\beta$ 倍。

(2) 当 $\beta = k_{\max}^{(2k-1)}$ 时,这一步所走至的 $2k$ 点恰好位于主动约束边界上。令 i

元件为此时的主动约束,则有

$$\frac{\sigma_i^{(2k)}}{[\sigma]} = \frac{\frac{1}{k_{\max}^{(2k-1)}}\sigma_i^{(2k-1)}}{[\sigma]} = \frac{[\sigma]}{[\sigma]} = 1 \tag{3-10}$$

(3)由于各元件面积同乘常数 $k_{\max}^{(2k-1)}$,则有

$$\frac{A_i^{(2k)}}{A_j^{(2k)}} = \frac{A_i^{(2k-1)}}{A_j^{(2k-1)}}$$

或

$$\frac{A_i^{(2k)}}{A_j^{(2k-1)}} = \frac{A_j^{(2k)}}{A_j^{(2k-1)}} \tag{3-11}$$

其物理意义为 $A^{(2k)}$ 必在沿空间上的射线方向(即通过原点与 $A^{(2k-1)}$ 点连线),故称其为射线步(也有称为比例步的,因乘同一比例常数)。此时有

$$W^{(2k)} = h_{\max}^{(2k-1)} W^{(2k-1)} \tag{3-12}$$

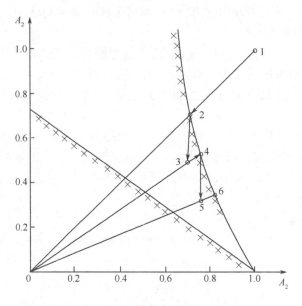

图 3 - 1 射线步满应力法

射线步满应力法的物理概念清楚,公式简单,收敛性好;避免了满应力法可能导致退化到静定结构非最优解的问题。处理多变量问题时,不会导致计算的困难。

3.1.2 位移准则法

在给定方向上加单位虚载,以真实内力为力乘虚载的虚功 Π。假设最小重

量设计点的虚功为 Π^*（此时 $\Pi = \Pi^*$，令位移等于许用位移），利用此条件，且假定下一步即为最优点，再用 $\dfrac{\partial W}{\partial A_j} = 0$，即得出 A_j 的迭代公式。

以杆系为例进行推导。采用下述符号：

F_i^P i 杆在外载状态（先假定只一种外载状态 P）下的内力。

F_i^Q i 杆在虚载状态下的内力。

L_i i 杆的长度。

A_i i 杆的截面积。

Q 虚载列阵。

δ 真实位移列阵。

可得出虚功表达式为

$$\Pi = \sum_{i=1}^{n} \frac{F_i^P F_i^Q L_i}{A_i E_i} = Q^{\mathrm{T}} \delta \tag{3-13}$$

将设计变量分为两类，第一类为主动元件，是指在优化过程中，设计变量是能调动的（如 A_i 可视需要而调）；第二类为被动元件，是指在优化过程中，设计变量已由其他约束条件（如最小尺寸限）限定而不能调动。设杆系共有 n 个元件，其中 m 个元件为被动元件。此时可把式（3-13）改写为

$$\Pi = \sum_{i=1}^{m} \frac{F_i^P F_i^Q L_i}{A_i E_i} + \sum_{i=m+1}^{n} \frac{F_i^P F_i^Q L_i}{A_i E_i} \tag{3-14}$$

由于第一项中的 A_i 是不变的，为了书写简单，用 Π_0 表示。式（3-14）可改写为

$$\Pi = \Pi_0 + \sum_{i=m+1}^{n} \frac{F_i^P F_i^Q L_i}{A_i E_i} \tag{3-15}$$

结构的重量 W 由式（3-16）表示，即

$$W = \sum_{i=1}^{n} A_i L_i \rho_i \tag{3-16}$$

式中：ρ_i 为 i 元的密度，将 A_i 分为上述两类，可得

$$W = \sum_{i=1}^{m} A_i L_i \rho_i + \sum_{i=m+1}^{n} A_i L_i \rho_i = W_0 + \sum_{i=m+1}^{n} A_i L_i \rho_i \tag{3-17}$$

当位移 δ 等于许用位移 Δ 时，虚功也达到许用值，用 Π^* 表示，则

$$\Pi^* = Q^{\mathrm{T}} \Delta \tag{3-18}$$

在结构达到位移约束最优解时，应有下述等式约束，即

$$\Pi = \Pi^* \tag{3-19}$$

对式（3-17）和式（3-19）两式，以求重量最小。可用 Lagrange 乘子法，即

$$\overline{W} = \left(W_0 + \sum_{i=m+1}^{n} A_i L_i \rho_i \right) + \lambda (\Pi - \Pi^*)$$

$$= \left(W_0 + \sum_{i=m+1}^{n} A_i L_i \rho_i \right) + \lambda \left(\sum_{i=m+1}^{n} \frac{F_i^P F_i^Q L_i}{A_i E_i} + \Pi_0 - \Pi^* \right) \quad (3-20)$$

由于 $\dfrac{\partial \overline{W}}{\partial A_j} = 0$，得

$$L_i \rho_i - \lambda \frac{F_j^P F_j^Q L_j}{A_j^2 E_j} + \lambda \sum_{i=m+1}^{n} \left(\frac{\partial F_k^P}{\partial A_j} F_k^Q + \frac{\partial F_k^Q}{\partial A_j} F_k^P \right) \frac{L_k}{A_k E_k} \quad (3-21)$$

对于静定结构，F_k 与 A_j 无关，故 $\dfrac{\partial F_k}{\partial A_j} = 0$，也即式（3 – 21）∑ 项等于零；对于静不定结构，由于各 $\partial F_k/\partial A_j$ 项构成一自身平衡内力系统，而 ∑ 项即代表这一内力系统的虚功。由虚功原理，知其应等于零，故可得

$$L_i \rho_i = \lambda \frac{F_j^P F_j^Q L_j}{A_j^2 E_j} \quad (3-22)$$

即

$$A_j = \sqrt{\lambda} \sqrt{\frac{F_j^P F_j^Q}{\rho_j E_j}} \quad (3-23)$$

把方程式（3 – 23）代入方程式（3 – 15），得

$$\Pi^* = \Pi_0 + \frac{1}{\sqrt{\lambda}} \sum_{i=m+1}^{n} L_i \sqrt{\frac{F_i^P F_i^Q \rho_i}{E_i}} \quad (3-24)$$

把此式改写为

$$\sqrt{\lambda} = \frac{1}{\Pi^* - \Pi_0} \sum_{i=m+1}^{n} L_i \sqrt{\frac{F_i^P F_i^Q \rho_i}{E_i}} \quad (3-25)$$

把式（3 – 25）代入式（3 – 23），得

$$A_j = \frac{1}{\Pi^* - \Pi_0} \sum_{i=m+1}^{n} L_i \sqrt{\frac{F_i^P F_i^Q \rho_i}{E_i}} \sqrt{\frac{F_j^P F_j^Q}{E_j \rho_i}} \quad (3-26)$$

即

$$A_j = \sqrt{\frac{F_j^P F_j^Q}{E_j \rho_i}} \times \frac{1}{\Pi^* - \Pi_0} \sum_{i=m+1}^{n} L_i \sqrt{\frac{F_i^P F_i^Q \rho_i}{E_i}} \quad (3-27)$$

或

$$A_j = \sqrt{\frac{F_j^P F_j^Q}{E_j \rho_i}} \times \frac{1}{\Pi^* - \Pi_0} \sum_{i=m+1}^{n} A_i L_i \rho_i \sqrt{\frac{\sigma_i^P \sigma_i^Q}{E_i \rho_i}} \quad (3-28)$$

式（3 – 27）、式（3 – 28）即为位移约束时达到最优点的准则。

对于静定结构,由方程式(3-27),内力不随面积而变化,故最优点各参数可依据临界位移 Δ 算得 Π^* 后直接算出。

当为静不定结构时,参考满应力迭代式的建立,即

$$A^{(K+1)}\sigma^{(K+1)} = A^{(K)}\sigma^{(K)}$$

令下一步即为满应力,有

$$\sigma^{(K+1)} = \left[\sigma\right]$$

即

$$A^{(K+1)} = A^{(K)}\frac{\sigma^{(K)}}{\left[\sigma\right]}$$

现也假设下一步即为位移约束的最优点,得

$$A_j^{(K+1)}\left(\sqrt{\frac{\sigma_i^P\sigma_i^Q}{E_j\rho_j}} \times \frac{1}{\Pi^* - \Pi_0}\sum_{i=m+1}^{n}A_iL_i\rho_i\sqrt{\frac{\sigma_i^P\sigma_i^Q}{E_i\rho_i}}\right)^{(K+1)}$$

$$= A_j^{(K)}\left(\sqrt{\frac{\sigma_j^P\sigma_j^Q}{E_j\rho_j}} \times \frac{1}{\Pi^* - \Pi_0}\sum_{i=m+1}^{n}A_iL_i\rho_i\sqrt{\frac{\sigma_i^P\sigma_i^Q}{E_i\rho_i}}\right)^{(K)}$$

由于下一步即最优点,因此

$$\left(\sqrt{\frac{\sigma_j^P\sigma_j^Q}{E_j\rho_j}} \times \frac{1}{\Pi^* - \Pi_0}\sum_{i=m+1}^{n}A_iL_i\rho_i\sqrt{\frac{\sigma_i^P\sigma_i^Q}{E_i\rho_i}}\right)^{(K+1)} = 1$$

获得迭代公式为

$$A_j^{(K+1)} = A_j^{(K)}\sqrt{\left(\frac{\sigma_j^P\sigma_j^Q}{E_j\rho_j}\right)^{(K)}} \times \frac{1}{(\Pi^* - \Pi_0^{(K)})}\sum_{i=m+1}^{n}(A_iL_i\rho_i)^{(K)}\sqrt{\left(\frac{\sigma_i^P\sigma_i^Q}{E_i\rho_i}\right)^{(K)}}$$

$$(3-29)$$

3.1.3 多约束下的结构优化准则法

在线弹性结构设计的框架下,假设结构布局与结构所受载荷已经确定,设计变量为结构尺寸,即杆的截面积与板的厚度;每一个元件本身,其尺寸为常数(即杆截面积沿长度不变,板厚度在板元内部不变);采用的分析方法为有限元(位移)法。

在优化时考虑以下约束:应力、位移、总体屈曲载荷及自然频率等。此外,设计问题中还要求结合有辅助约束,如元件的最小尺寸与最大尺寸、防止出现局部失稳的最小尺寸和要求某些元件尺寸相等。

假设最优设计只对应于一个主要约束 $q_r \leqslant q_r^*$。用符号 $\underline{A}^{(\nu)}$ 表示设计空间中的一个点,称之为迭代设计点。迭代的任务是使新设计点 $\underline{A}^{(\nu+1)}$ 较原设计点 $\underline{A}^{(\nu)}$

的结构重量减小,即更靠近最优点。这个重量减少过程会是一个均匀收敛至最优点的过程,如图3-2所示。

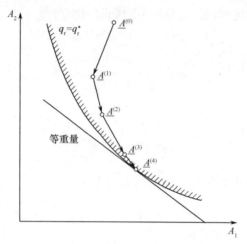

图3-2 迭代过程中均匀收敛至最优点的例子

从文献[5]获得计算效果较好的迭代式。对于单约束情况,主动元件(元件尺寸由主动约束定)的优化准则为

$$\rho_i L_i + \lambda_r Q_{ri} = 0 \qquad (3-30)$$

将式(3-30)移项,等式两边各乘以$(1-\alpha)A_i$,式中 α 是一个待定常数,式(3-30)写成下列形式,即

$$A_i = C_i A_i \qquad (3-31)$$

式中

$$C_i = \alpha - (1-\alpha)\lambda_r \frac{Q_{ri}}{\rho_i L_i} \qquad (3-32)$$

式(3-30)为优化准则,对于每个主动元件,当 $\underline{A}$ 为最优解时,不管 α 为何值,该式都应满足。另外,当点 $\underline{A}$ 非最优解时,式(3-31)、式(3-32)可以用来构成对主动元件求最优解的迭代式,即 $A_i^{(\nu+1)} = C_i A_i^{(\nu)}$。重复应用这个迭代式相当于用松弛法接近最优准则。参数 α 被称为松弛因子,$-1 < \alpha < 1$,α 的值决定了收敛速度,由计算经验确定。

为了包括进被动元件(元件由最小、最大尺寸限定),故迭代式可写为

$$A_i^{(\nu+1)} = \begin{cases} C_i A_i^{(\nu)} & (A_i)_{\min} \leqslant C_i A_i^{(\nu)} \leqslant (A_i)_{\max} \\ (A_i)_{\min} & C_i A_i^{(\nu)} < (A_i)_{\min} \\ (A_i)_{\max} & C_i A_i^{(\nu)} > (A_i)_{\max} \end{cases} \qquad (3-33)$$

式中 C_i 由式(3-32)给出。

为求系数 C_i，应先求 Lagrange 乘子 λ_r。如前面所指出，λ_r 由设计点 $\underline{A}^{(v+1)}$ 为临界点，即由条件 $q_r^{(v+1)} = q_r^*$ 确定。

由若干个被动元件设计变化所引起的 q_r 变动量为

$$(\Delta q_r)_{\text{pass}} = \sum_{i\text{pass}1} Q_{ri}\left[(A_i)_{\min} - A_i^{(v)}\right] + \sum_{i\text{pass}2} Q_{ri}\left[(A_i)_{\max} - A_i^{(v)}\right] \quad (3-34)$$

式（3-34）右边的前后两项分别对应于元件的最小尺寸约束与最大尺寸约束。

相应地，可以写出主动元件对 q_r 的贡献量为

$$(\Delta q_r)_{\text{act}} = \sum_{i\text{act}} Q_{ri}\Delta A_i \quad (3-35)$$

由式（3-33），对于主动元件，有

$$\Delta A_i = A_i^{(v+1)} - A_i^{(v)} = (C_i - 1)A_i^{(v)}$$

将式（3-32）中的 C_i 代入后得

$$\Delta A_i = -(1-\alpha)\left(1 + \lambda_r \frac{Q_{ri}^2}{\rho_i L_i}\right)A_i^{(v)}$$

因此，式（3-35）变为

$$(\Delta q_r)_{\text{act}} = -(1-\alpha)\sum_{i\text{act}}\left(Q_{ri} + \lambda_r \frac{Q_{ri}^2}{\rho_i L_i}\right)A_i^{(v)} \quad (3-36)$$

q_r 的总变量为

$$\Delta q_r = (\Delta q_r)_{\text{pass}} + (\Delta q_r)_{\text{act}} \quad (3-37)$$

若 $\Delta q_r = q_r^* - q_r^{(v)}$，这相当于要求 $q_r^{(v+1)} = q_r^*$，把式（3-36）的 $(\Delta q_r)_{\text{act}}$ 代入式（3-37）且使 $q_r^{(v+1)} = q_r^*$，整理后得出乘子 λ_r 的表达式为

$$\lambda_r = -\frac{q_r^* - q_r^{(v)} - (\Delta q_r)_{\text{pass}} + (1-\alpha)\sum_{i\text{act}} Q_{ri}A_r^{(v)}}{(1-\alpha)\sum_{i\text{act}} \frac{Q_{ri}^2}{\rho_i L_i}A_i^{(v)}} \quad (3-38)$$

式（3-38）要先明确主动元件和被动元件后才能进行计算。通常不能做到这一点，因此，设计变量优化迭代可采用下列步骤。

（1）根据 $\underline{A}^{(v)}$ 计算结构性能函数对设计变量的梯度 Q_{ri}。

（2）如果 $Q_{ri} > 0$，则可令 $A_i^{(v+1)} = (A_i)_{\min}$，认为这些元件为被动元件。

（3）对于剩下的元件，按上次迭代结果来区分被动元件与主动元件；如果是第一次迭代，则可假设所有元件都是主动元件。

（4）由式（3-38）计算获得 λ_r。

（5）由式（3-31）~式（3-33）来计算 $A_i^{(v+1)}$，并用该计算结果来重新区分

被动元件与主动元件。

（6）如果元件分类保持不变,则这一次设计迭代结束;否则,用新的分类重复(4)~(6)步。

一般对于主被动元件分类只需经有限几次迭代即可完成。优化准则算法对结构规模并不敏感,只要经过 3 次或 4 次迭代就可得到一个与最优解只差几个百分点的优化解。

对于多主动约束情况,式(3-33)仍然有效,但式(3-31)和式(3-32)需要扩展,即

$$C_i = \alpha - \frac{1 - \alpha}{\rho_i L_i} \sum_{\text{pact}} \lambda_p Q_{pi} \qquad (3-39)$$

式中:p 为优化过程中的主动约束。要求 $q_r^{(v+1)} = q_r^*$ 只对主动约束进行,设主动约束有 M 个,则对应地需求出 M 个 λ_r,这可通过解下述联立方程组得出,即

$$-(1-\alpha) \sum_{\text{iact}} \left(\frac{Q_{ri} A_i^{(v)}}{\rho_i L_i} \sum_{\text{pact}} \lambda_p Q_{pi} \right) = (1-\alpha) \sum_{\text{iact}} Q_{ri} A_i^{(v)} + q_r^* - q_r^{(v)} - (\Delta q_r)_{\text{pass}}$$

$$r = 1, 2, \cdots, M \qquad (3-40)$$

式中被动元件的贡献仍可由式(3-34)算出。（注意:上式中 iact 指主动元件,pact 指主动约束）。

多约束下的优化过程与单约束下的优化相比,其复杂性将明显增加。主要困难是如何确定主动约束。解决方法是,先假设所有约束都为主动约束以解方程(3-40)求出 Lagrange 乘子。当某些约束所对应的 λ_r 为负时就视其为被动约束,在式(3-40)中与其对应的行与列就应取消。再一次解删减后的方程(3-40);这个过程重复进行,一直到所有的 λ_r 为正值。由于一开始时主动元件、被动元件尚未确认,所以计算 Lagrange 乘子过程需结合识别主动元件、被动元件过程进行。

上述方法对只有几个约束时,是实用有效的。但大多数实际问题包含大量的约束与工况,计算量过于庞大,必须采取进一步近似措施。

3.2　遗传算法

模拟自然界中自然现象的内在规律是目前构造优化算法的主要思路之一[6-8]。例如,粒子群优化算法是群鸟觅食的动态过程的模拟,模拟退火算法源于对金属退火温度动态变化过程的模拟,遗传算法是模拟生物在自然环境中的遗传和进化过程而形成的一种自适应、全局优化、概率搜索算法。这些算法提供了一种求解复杂系统优化问题的通用框架,不依赖于问题的具体领域,对问题的

种类有很强的鲁棒性,所以广泛应用于多个学科,如函数优化、组合优化、自动控制及人工智能等各个领域。

3.2.1 遗传算法的特点

遗传算法起源于对生物系统所进行的计算机模拟研究,在20世纪60年代,由美国密执安大学 Holland 教授首先提出,之后的研究者对遗传算法进行了大量的改进,并广泛应用于很多学科领域的优化设计问题。遗传算法借鉴了生物遗传和进化的一些特征,主要体现为以下几点:

(1)生物的遗传和进化发生在染色体上。在遗传算法中,优化问题的一切性质都通过解的编码来研究。

(2)自然选择规律(适者生存)决定哪些染色体产生超过平均数的后代。在遗传算法中,通过构造与目标函数相应的适应度确保优良的个体产生超过平均数的后代。

(3)当染色体结合时,双亲遗传基因的结合使得父代的特征遗传到子代。在遗传算法中,通过交叉算子进行基因的重组。

(4)当染色体结合后,随机变异会造成父代和子代的差异,从而保持生物的多样性。在遗传算法中,通过变异算子进行基因的变异。

以上这些特征就构成了遗传算法中的编码(code)、选择复制(selection/ reproduction)、交叉(crossover)和变异(mutation)过程。

与传统的基于数学规划的优化方法相比,遗传算法的优点主要表现在以下几方面:

(1)采用数学编码形式来表示决策变量,借鉴生物学中染色体和基因等概念,来模拟生物的自然遗传和进化机理,对于那些难以用数值表示的优化问题,编码处理方式具有独特的优势。

(2)运用选择、交叉、变异等算子进行操作,不需要导数信息,也不需要目标函数连续。

(3)采用群体搜索,依据概率原则而非确定性原则进行最优解的搜索,不易陷入局部最优。

3.2.2 基本遗传算法

在遗传算法的应用过程中,针对不同的优化问题,很多学者设计出了不同的编码方法来表示问题的可行解,并相应发展了各种遗传算子来模拟自然环境下生物的遗传进化特性。这样,由不同的编码方法和相应的遗传算子就构成了各种不同的遗传算法。但这些遗传算法都具有共同点,即通过对生物遗传和进化过程中选择、交叉和变异机理的模拟来完成对问题最优解的自适应搜索过程。基于这个共同点,Goldberg 总结出了一种最基本的遗传算法——基本遗传算法

(simple genetic algorithm)。基本遗传算法仅采用选择、交叉和变异 3 种基本遗传算子,为遗传算法的应用研究提供了一个基本框架。下面介绍基本遗传算法的一般操作。

1. 编码方法

基本遗传算法采用固定长度的二进制符号串来表示种群中的个体,其等位基因由二值符号集 {0,1} 组成。对于实变量 x,二进制编码方法如下:

设 x 的取值范围是 $[x_{min}, x_{max}]$,利用长度为 l 的二进制编码符号串表示该参数,即

$$X = b_l b_{l-1} \cdots b_2 b_1 \quad \text{其中 } b \text{ 取 0 或 1}$$

则二进制编码的编码精度为

$$\delta = (x_{max} - x_{min})/(2^l - 1) \tag{3-41}$$

对应的解码公式为

$$x = x_{min} + \delta \cdot \text{Dec}(X)$$

其中

$$\text{Dec}(X) = \sum_{i=1}^{l} b_i 2^{i-1} \tag{3-42}$$

对于多个设计变量的优化问题,个体的编码一般采用级联拼接的方式。例如,对于两个决策变量 x_1、x_2,设编码长度分别为 l、m,那么其二进制编码串为

$$X = b_l b_{l-1} \cdots b_2 b_1 c_m c_{m-1} \cdots c_2 c_1$$

其中 b 和 c 取 0 或 1。

2. 个体适应度评价

基本遗传算法按与个体适应度成正比的概率来决定当前种群中每个个体遗传到下一代种群中的可能性大小。为了计算这个概率,要求所有个体的适应度必须非负。为此,基本遗传算法一般采取以下方法将目标函数 $f(x)$ 转换为个体的适应度 $F(x)$。

对于目标函数最大值的优化问题,变换方法为

$$F(x) = \begin{cases} f(x) - C_{min} & f(x) > C_{min} \\ 0 & f(x) \leqslant C_{min} \end{cases} \tag{3-43}$$

C_{min} 的选取原则:或者是预先给定的一个较小的数;或者是进化到当前代的最小的目标函数值;或者是当前代或最近几代种群中的最小目标函数值。

对于目标函数最小值的优化问题,变换方法为

$$F(x) = \begin{cases} C_{max} - f(x) & f(x) < C_{max} \\ 0 & f(x) \geqslant C_{max} \end{cases} \tag{3-44}$$

C_{max} 的选取原则:或者是预先给定的一个较大的数;或者是进化到当前代的最大的目标函数值;或者是当前代或最近几代种群中的最大目标函数值。

3. 比例选择算子

比例选择算子采用旋转赌轮的方法,按照与个体适应度成正比的概率来选择复制当代种群中的优良个体到下一代种群中。比较常用的一种择优比例选择过程如下:

(1)计算每个个体的相对适应度 F_i^r,即

$$F_i^r = F_i \Big/ \sum_{j=1}^{M} F_j \quad i = 1, \cdots, M (M\text{为种群规模})$$

(2)计算每个个体的累积概率 q_i,即

$$q_0 = 0$$

$$q_i = \sum_{j=1}^{i} F_j^r \quad i = 1, \cdots, M$$

(3)从区间 $(0, q_M]$ 中产生一个均匀分布随机数 r。
(4)如果 $q_{i-1} < r \leqslant q_i$,则选择第 i 个个体,$i = 1, \cdots M$。
(5)重复(3)、(4)共 M 次,可得到 M 个复制的个体。

4. 单点交叉算子

单点交叉算子的具体操作过程如下:从种群中随机选择两个个体进行配对;对每一对相互配对的个体组,随机设置某一基因座之后的位置为交叉点;按照设定的交叉概率 P_c,在交叉点处相互交换两个配对个体的部分染色体,从而产生两个新的个体。例如,对于两个参加交叉的个体,单点交叉算子的作用过程如下:

交叉前:
个体1   10100M10101
个体2   11101M01101

交叉后:
个体1   10100:01101
个体2   11101:10101

5. 基本位变异算子

基本位变异算子的执行过程是:对个体的每一个基因座,按照概率 P_m 指定为变异点;对每一个指定的变异点,对其基因值作补运算或者用其他的等位基因代替,从而产生出一个新个体。例如,对于按照变异概率指定的个体,基本位变异算子的作用过程如下:

变异前:10100 10101
变异后:10100 00101

6. 运行参数

基本遗传算法的运行参数包括：

① 种群规模 M，一般取 $20 \sim 100$。

② 遗传算法的终止进化代数 T，一般取 $100 \sim 500$。

③ 交叉概率 P_c，一般取 $0.4 \sim 0.99$。

④ 变异概率 P_m，一般取 $0.0001 \sim 0.1$。

一般来说，基本遗传算法对于上述运行参数具有较好的鲁棒性。基本遗传算法的运行过程如图 3 – 3 所示。

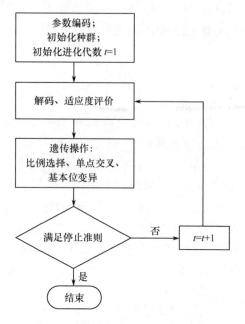

图 3 – 3　基本遗传算法的运行过程

3.2.3　遗传算法的数学理论

遗传算法是模拟生物遗传和进化过程而形成的，能够解释其算法机理的数学基础是模式理论。通过理论分析，可能对遗传算法做出改进。这里仅对遗传算法的数学理论做一个概要介绍。

1. 模式定理

模式（schema）：表示一些相似的模块，描述了在某些位置上具有相似结构特征的个体编码串的一个子集，如模式 $H = 1 * * 1 = \{1001, 1011, 1101, 1111\}$。

模式阶（schema order）：在模式 H 中具有确定基因值 0 或 1 的位置数目称为该模式的模式阶，记为 $O(H)$，如 $O(*101*) = 3$ 。

模式定义长度（schema defining length）：模式中从左至右第一个确定基因值

的位置和最后一个确定基因值的位置之间的距离称为模式定义长度,记为 $\delta(H)$,如 $\delta(*101*)=2$。

对于长度为 l,规模为 M 的二进制编码字符串种群中,一般包含 $2^l \sim M \cdot 2^l$ 个模式。在引进模式概念后,遗传算法的本质就是对模式的一系列运算,即通过选择当前种群中的优良模式遗传到下一代,通过交叉算子进行模式的重组,通过变异算子进行模式的突变。通过这些遗传操作,一些较差的模式逐步被淘汰,而一些较好的模式逐步遗传和进化,最终就可得到问题的最优解。

揭示遗传算法机理的模式定理可表述如下。

模式定理:遗传算法中,在选择、交叉和变异算子的作用下,具有低阶、短的定义长度,并且平均适应度高于种群平均适应度的模式将按指数级数增长。数学表达式为

$$m(H,t+1) \geq m(H,t)\frac{F(H,t)}{\overline{F}(t)}\left[1 - P_c\frac{\delta(H)}{l-1} - O(H)P_m\right] \quad (3-45)$$

式中:t 为进化代数;$m(H,t)$ 为一个特定模式 H 有 m 个代表串包含在种群中;$F(H,t)$ 为模式 H 的串的平均适应度;$\overline{F}(t)$ 为整个种群的平均适应度;P_c 为交叉概率;P_m 为变异概率。

模式定理阐述了遗传算法的基础,说明了模式的增加规律,同时也给遗传算法的应用提供了指导。

2. 积木块假设

具有低阶、短的定义长度,并且平均适应度高于种群平均适应度的模式称为积木块(基因块)。

积木块假设:个体的基因块通过选择、交叉和变异等遗传算子的作用,能够相互拼接在一起,形成适应度更高的个体编码串。

3. 隐含并行性

在遗传算法中,每代都处理了 M 个个体,但是由于一个个体编码中隐含有多种不同的模式,所以算法实质上处理了更多的模式。利用模式概念可知,遗传算法处理的有效模式总数与种群规模 M 的立方成正比。

4. 遗传算法的收敛性

基本遗传算法可描述为一个齐次 Markov 链,即

$$P_t = \{P(t), t \geq 0\} \quad (3-46)$$

这是因为基本遗传算法的选择、交叉和变异操作都是随机独立进行的,新种群仅与其父代种群及遗传操作算子有关,而与其父代种群之前的各代种群无关,即种群无后效性,并且各代种群之间的转换概率与时间起点无关。

基于上述模型,对基本遗传算法具有下述收敛定理:

(1)基本遗传算法收敛于最优解的概率小于1。

（2）使用保留最佳个体策略的遗传算法能收敛于最优解的概率为1。

3.3 粒子群算法

3.3.1 基本粒子群算法

粒子群算法（Particle Swarm Optimization，PSO）最早是由 Eberhart 和 Kennedy 于 1995 年提出的，它的基本概念源于对鸟群觅食行为的研究。一群鸟在随机搜寻食物，在这个区域里只有一块食物，所有的鸟都不知道食物在哪里，但是它们知道当前的位置离食物还有多远。那么找到食物的最优策略是什么呢？最简单、有效的就是搜寻目前离食物最近的鸟的周围区域。

PSO 算法就从这种生物种群行为特性中得到启发并用于求解优化问题。在 PSO 中，每个优化问题的潜在解都可以想象成 n 维搜索空间上的一个点，称之为"粒子"（particle），所有的粒子都有一个被目标函数决定的适应值（fitness value），每个粒子还有一个速度决定它们飞翔的方向和距离，然后粒子们就追随当前的最优粒子在解空间中搜索。粒子群算法的核心是粒子是如何运动的？PSO 算法的每个粒子利用自身的记忆和从整个群体中获得的知识更新自己的速度向量，进而更新各自的位置。在每一次的迭代中，粒子通过跟踪两个"个体极值"和"全局极值"来更新自己。

标准粒子群算法就是在找到这两个最优值后，粒子通过下面的公式来更新自己的速度和位置，即

$$\begin{cases} v_k^j = wv_{k-1}^i + c_1 r_1 \left(\text{Pbest}^i - x_{k-1}^i \right) + c_2 r_2 \left(\text{Gbes}_{k-1}^g - x_{k-1}^i \right) \\ x_k^j = x_{k-1}^j + v_k^i \end{cases} \tag{3-47}$$

式中：w 为保持原来速度的系数，所以叫做惯性权重；c_1 为粒子跟踪自己历史最优值的权重系数，它表示粒子自身的认识，所以叫"认知"；c_2 为粒子跟踪群体最优值的权重系数，它表示粒子对整个群体知识的认识，所以叫做"社会知识"，经常叫做"社会"；r_1 和 r_2 为 $[0,1]$ 区间内均匀分布的随机数。

标准粒子群算法流程如下：

（1）初始化粒子群的规模，粒子的初始位置和速度。

（2）计算每个粒子的适应度。

（3）对每个粒子将其适应度与所经历过的最好位置（个体极值 Pbest^i）进行比较，若优于个体极值，则用该值作为个体极值。

（4）对每个粒子将其适应度与全局经历过的最好位置（全局极值 Gbest）进行比较，若优于个体极值，则用该值作为全局极值。

（5）根据式(3-47)计算下一代的粒子速度和位置。

（6）若没达到收敛条件(通常通过最大迭代代数来控制计算规模)返回（2）。

上述过程为标准粒子群算法,为提高粒子群算法的效率和增大其适用范围,很多学者对其进行了改进。主要集中在对算法收敛速度的提高、算法多样性、全局性的改进上。常见的有对算法惯性权重的改进、带收缩因子的改进,形成了带遗传算法思想的粒子群算法、动态邻域粒子群算法等。本节以最具代表性的自适应粒子群算法为例,对改进原理进行描述。

3.3.2　自适应粒子群算法

虽然 PSO 算法具有很多优点,但也不是完美无缺的,一个常见的缺点就是容易陷入局部最优、过早收敛,即"早熟"。自适应粒子群优化算法是指在整个运算过程中,在很大程度上控制粒子运动轨迹的惯性权重 w 能够根据种群的多样性程度来改变,可以更好地加速算法的收敛和提高算法的局部搜索能力。同时在算法出现"早熟"时,可以通过"变异"来提高种群的多样性,从而避免早熟。

惯性权重可对算法的探测和开发能力进行调节。探测是指粒子在较大程度上离开原先的寻优轨迹,到新的方向进行搜索;开发则指粒子在较大程度上继续原先的寻优轨迹进行细部搜索。在寻优的初期,为了增加算法的全局搜索能力,惯性权重应随种群多样性的增加而递增,使之具有较多的探测性,可称之为探测阶段;在寻优后期,为了增加算法的局部搜索能力,惯性权重则随种群多样性的减少而递减,使之具有较多的开发性,可称之为开发阶段。也就是说,为了加快算法的收敛速度,惯性权重应该和种群的多样性成正比例关系。

本书取惯性权重为平均粒距的线性函数,即

$$W(t) = A \cdot D(t) + B \tag{3-48}$$

设 $W_{\min} \leqslant W(t) \leqslant W_{\max}$, $D_{\min} \leqslant D(t) \leqslant D_{\max}$,因此可以推导出

$$A = \frac{W_{\max} - W_{\min}}{D_{\max} - D_{\min}} \tag{3-49}$$

$$B = \frac{D_{\max} W_{\min} - D_{\min} W_{\max}}{D_{\max} - D_{\min}} \tag{3-50}$$

式中:$D(t)$ 为平均粒距,表示种群中个体相互之间的分布离散程度,平均粒距独立于种群规模大小、解空间维数及搜索范围。$D(t)$ 越大表示种群分布多样性越好,越小表示种群越集中。

$$D(t) = \frac{1}{S \cdot L} \cdot \sum_{i=1}^{S} \sqrt{\sum_{d=1}^{n} (P_{id} - \overline{P}_d)^2} \tag{3-51}$$

式中:L 为搜索空间对角最大长度;S 和 n 分别为种群规模大小和解空间维数;P_{id} 为第 i 个粒子的第 d 维坐标值;$\overline{P}_d$ 为所有粒子第 d 维坐标均值。

若目标函数是多峰值函数,仅仅依靠惯性权重的自适应,仍然不能避免"早熟"现象。为此应该在粒子种群多样性小于一定数目时,进行种群的变异,重新产生多样化的种群,才能使粒子达到全局搜索的目的。

变异方法为:对种群中的粒子配置分布在[0,1]之间的随机数,如果该随机数小于给定的变异率,则该粒子重新在解空间初始化,但该粒子迄今找到的最优位置仍旧记忆,并进入新一轮的寻优搜索,对 m 个粒子都实施上述变异操作,则种群变异完成。此时就像是粒子群重新开始运算一样,重新开始探测,然后是开发、再探测、再开发直到收敛。

3.4　蚁群算法

3.4.1　蚁群算法的特点

蚁群算法是意大利学者 Dorigo 等于 20 世纪 90 年代受自然界中蚂蚁群体觅食行为的启发而提出的一种模拟进化算法[9-12],其核心思想是蚂蚁在走过的路径上留下信息素,而前后迭代的蚂蚁之间通过路径上残留的信息素浓度来选择路径,路径的选择又带来信息素的增加,从而使得所有蚂蚁趋向于最优的路径。蚁群算法自提出以来广泛应用于各类经典组合优化问题,有较强的鲁棒性、易于实现和与其他算法相结合的特点。下面以翼梁结构布局优化问题为例讲解蚁群算法的原理和实现过程。

3.4.2　基本蚁群算法

1. 编码

对于包含 N 根翼梁的机翼翼面结构布局优化问题,优化过程实际上就是确定每根翼梁的取舍问题[13]。对于每根翼梁单元,包括梁缘条、腹板都有两种选择方式,即有和无。根据多层城市的 TSP 问题[14],N 根翼梁构成 N 个城市层,每个城市层包含两个城市,分别代表翼梁相关单元的有和无,这里采用整数 0/1 编码方式,并且规定:每个蚂蚁在每层城市中只能且必须选择一个城市,且沿着城市层单向移动,这样当每只蚂蚁走完所有层城市,将构成 N 维的翼梁组合向量。所有蚂蚁的走过路线以整数编码串的形式记录在矩阵 $T(m,N)$ 中,其中 m 为蚂蚁个数。例如:

蚁群路径　1 0 0 1 0 1 0 0

布局方案　1、4、6 梁构成的三梁布局方案

2. 算法的原理与实现

首先,对信息素矩阵进行初始化设置。对于预设最多 N 根翼梁的翼面结构

布局优化设计问题,信息素矩阵为 $\tau(2,2,N-1)=\tau_0$(τ_0 为常数),将 m 只蚂蚁随机地放置在第一层城市上,准备完成到最后层城市为目的的各自搜索过程。从第二步开始以后,位于 $k-1$ 层节点 i 的蚂蚁在 k 层城市中按照式(3-52)的转移规则选择要走的城市 j,有

$$
j = \begin{cases} \arg \max\limits_{u \in \text{allowed}_k} \left\{ \left[\tau(i,u,k) \right]^\alpha \right\} & \text{如果 } q < q_0\text{,按照先验知识选择} \\ S & \text{如果 } q \geqslant q_0\text{,按照式(3-53)概率选择} \end{cases} \tag{3-52}
$$

式中:$\alpha(\alpha>0)$ 为路径轨迹的相对重要性;k 为下层的城市;q 为 $[0,1]$ 之间的随机数;q_0 为给定参数$(0 \leqslant q_0 \leqslant 1)$;$S$ 为根据式(3-53)给出的概率分布选择下一步要走的城市,即

$$
P(i,j) = \frac{\tau^\alpha(i,j,k)}{\sum\limits_{u \in \text{allowed}_k} \tau^\alpha(i,j,k)} \tag{3-53}
$$

信息素的更新实现过程。信息素的更新包括局部更新和全局更新两个过程。当每只蚂蚁完成一次搜索过程,则需要对其经过路径上的信息素进行局部更新,这样可以有效地避免蚂蚁收敛于同一路径,即可以有效地避免收敛于局部最优解。局部更新按照式(3-54)进行,即

$$
\tau(i,j,k) \leftarrow (1-\xi) \cdot \tau(i,j,k) + \xi \cdot \tau_0 \tag{3-54}
$$

式中:$i = T(n,k-1)$;$j = T(n,k)$,$n = 1,2,\cdots,m$,$0 < \xi < 1$;τ_0 为信息素初始取值。

当所有蚂蚁完成一次优化过程,得到包含所有蚂蚁的路径信息矩阵 $T(m,N)$,从 m 只蚂蚁所经路线进行解码得到相对应的 m 种机翼布局形式,再对 m 种不同布局形式的机翼结构进行尺寸优化设计,得到的优化结果即该次迭代布局优化蚁群算法目标函数。对蚁群算法的每次迭代,选出目标函数最优值和最差值及其与之相对应的蚂蚁的所经路径,并对信息素进行全局更新。通过全局更新,可以使最优路径的信息素得到加强,同时最差路径信息素得到减弱,引导以后的蚂蚁趋向于选择最优路径,全局更新按照式(3-55)进行,即

$$
\tau(i,j,k) \leftarrow (1-\rho) \cdot \tau(i,j,k) + \Delta\tau \tag{3-55}
$$

$$
\rho \in (0,1)
$$

$$
\Delta\tau = \begin{cases} \rho / L_{\text{gb}} & \text{若 } (i,j) \in \text{全局最优路径} \\ -\varepsilon \cdot \dfrac{L_{\text{worst}}}{L_{\text{best}}} & \text{若 } (i,j) \in \text{全局最差路径} \\ 0 & \text{其他} \end{cases}
$$

式中:ρ 为信息素的挥发系数;L_{gb} 为当前全局最优目标函数值;L_{worst} 与 L_{best} 分别为

当前循环中最差和最优目标函数值；ε 为常数。

3.4.3 蚁群算法的改进策略

智能优化算法应用在结构优化时存在的一个普遍问题是计算量大、优化效率不高。根据蚁群算法的原理，最后所有的蚂蚁将趋向于最优的路径，因此不同的蚂蚁会产生重复的路径。为了提高蚁群算法的优化效率，引入蚂蚁路径数据库用来储存所有蚂蚁所经过的路径信息以及相对应的目标函数值。对于每次新产生的蚂蚁路径，首先将其与数据库中已有路径进行比较，如果有相同路径，则直接从数据库中调出与该路径所对应的目标函数信息，无需进行尺寸优化；否则，进行尺寸优化，并将该条路径与目标函数信息导入数据库，对数据库进行更新。

为了避免蚁群算法在寻优过程中的搜索惯性，增加算法的蚁群路径多样性，可以随机地对某个蚂蚁的路径中的一个结点单元进行交换，达到加快搜索速度的效果。比如，第 m 只蚂蚁的某次路径是 1 0 0 1 0 1 0 0 1，将第三位和第四位进行交换变为 1 0 1 0 0 1 0 0 1。

3.5 变密度法

变密度法[15,16]是结构拓扑优化设计中一种比较有效的方法。它假定一种密度可以改变的材料，并称之为伪密度，同时假定这种材料的宏观属性（如弹性模量、许用应力）与伪密度有着某种非线性关系，在优化的过程中，通过材料密度的分布情况可以确定材料的分布情况。这种方法将拓扑优化的 0－1 组合问题转化为连续变量优化的问题，通常以伪密度为设计变量，以结构的总柔顺性为目标函数，以保留体积比例为约束函数，通常采用优化准则法、数学规划法来求解。变密度法可以用来求解许多结构拓扑优化问题，1999 年该方法物理意义的存在性已被 Bendsoe 和 Sigmund 所证实。

3.5.1 变密度法数学模型描述

对于任何优化设计，都要先给出具体优化问题的数学模型，然后根据问题的性质与其中的目标函数、约束函数的信息采用合适的优化算法进行求解。对于变密度思想的拓扑优化问题，一般要进行结构有限元离散化，这样才可以很方便地对结构的各个部分进行属性改变。其数学模型一般可以描述为[17]

$$\min c(x) = U^{\mathrm{T}}KU = \sum_{e=1}^{N} (x_e)^p u_e^{\mathrm{T}} k_0 u_e \qquad (3-56)$$

$$\text{s. t. } \frac{V(x)}{V_0} = f$$

$$KU = F$$

$$0 < x_{\min} \leqslant x \leqslant 1$$

式中:c 为结构的总柔顺性,也就是总应变能;U 为结构的位移向量;K 为结构的刚度矩阵;x_e 为单元的虚拟密度;k_0 为单元刚度矩阵;u_e 为单元位移向量;V 为要保留的材料体积,其一般为虚拟密度与单元真实体积加权之和;V_0 为结构总体积。

变密度法的一个重要特征就是假定材料的宏观属性(如弹性模量、许用应力)与伪密度有着某种关系,在具体优化过程中,变密度方法将 0 - 1 离散变量的优化问题变为一个[0,1]之间取值的连续变量的优化问题。为了消除中间密度材料,变密度法通过惩罚因子对设计变量在[0,1]之间的中间密度值进行惩罚,使连续变量的拓扑优化模型能很好地逼近传统的 0 - 1 离散变量的拓扑优化模型。中间密度单元对应很小的弹性模量,对结构刚度矩阵的影响很小,可以近似地认为将该单元处的材料删除。本节采用经常使用的 RAMP(Rational Approximation of Material Properties)刚度密度插值模型。插值公式为

$$E^q(x_j) = E^{\min} + \frac{x_j}{1 + q(1 - x_j)}(E^0 - E^{\min}) \tag{3 - 57}$$

式中:E^q 为经过计算以后的弹性模量;E^0 为材料的真实弹性模量;q 为惩罚因子;$E^{\min}$ 为最小弹性模量取值,为了避免有限元计算刚度矩阵奇异,一般取真实弹性模量的1‰。

RAMP 刚度插值模型曲线如图 3 - 4 所示。

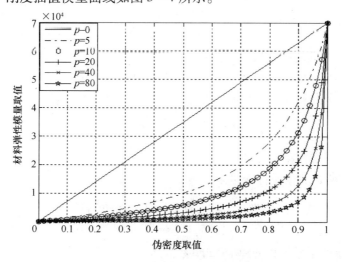

图 3 - 4   RAMP 刚度插值模型曲线

通过图 3 - 4 可以看出,插值函数的使用可以大大减少中间密度单元的个数,将伪密度变量所对应的材料弹性模量逼向 0 - 1 两端,随着 q 的增大,这种逼近能力增强。从而将拓扑优化从 0 - 1 型的离散型优化问题转变成了连续变量

的优化问题,为下一步的求解优化模型提供了有利的条件。

最优准则设计法是航空结构优化设计中使用非常普遍的优化方法。与数学规划法相比,其具有收敛速度快、迭代次数少、受设计变量个数影响小及与结构的复杂程度无关等特点。对于复杂的大型航空结构,有着得天独厚的优势,因此得到了广泛的研究和应用[17]。

3.5.2 灵敏度分析

1. 位移对设计变量的偏导数

由有限元理论结构平衡方程为

$$[\boldsymbol{K}] \cdot \{\boldsymbol{U}\} = \{\boldsymbol{F}\} \qquad (3-58)$$

方程两边对设计变量 x 求导,有

$$\frac{\partial \boldsymbol{K}}{\partial x_e}\boldsymbol{u} + k\frac{\partial \boldsymbol{U}}{\partial x_e} = \frac{\partial \boldsymbol{F}}{\partial x_e} \qquad (3-59)$$

易知外载荷向量 $\boldsymbol{F}$ 与设计变量 x 无关,所以有

$$\frac{\partial \boldsymbol{F}}{\partial x_e} = 0 \quad \frac{\partial \boldsymbol{K}}{\partial x_e}\boldsymbol{u} = -k\frac{\partial \boldsymbol{U}}{\partial x_e} \qquad (3-60)$$

2. 体积对设计变量的偏导数

对 $V = \sum_{e=1}^{N} x_e v_e$ 两边求导得到

$$\frac{\partial V}{\partial x_e} = v_e$$

3. 目标函数的偏导数

目标函数的表达式中同时含有设计变量和依赖设计变量的位移向量,在此采用伴随矩阵法来求解目标函数的导数。将原目标函数通过加零函数改写为

$$c(\boldsymbol{x}) = \boldsymbol{F}^{\mathrm{T}}\boldsymbol{U} - \boldsymbol{U}^{\mathrm{T}}(\boldsymbol{K}\boldsymbol{U} - \boldsymbol{F}) \qquad (3-61)$$

式中: $\widetilde{U}$ 为任意固定的实矢量。

对该式两边关于设计变量求导,得

$$\frac{\partial c}{\partial x_e} = (\boldsymbol{F}^{\mathrm{T}} - \widetilde{\boldsymbol{U}}^{\mathrm{T}}\boldsymbol{K})\frac{\partial \boldsymbol{U}}{\partial x_e} - \widetilde{\boldsymbol{U}}^{\mathrm{T}}\frac{\partial \boldsymbol{K}}{\partial x_e}\boldsymbol{U} \qquad (3-62)$$

当 $\widetilde{U}$ 满足伴随矩阵方程 $\boldsymbol{F}^{\mathrm{T}} - \widetilde{\boldsymbol{U}}^{\mathrm{T}}\boldsymbol{K} = 0$ 时,有

$$\frac{\partial c}{\partial x_e} = -\widetilde{\boldsymbol{U}}^{\mathrm{T}}\frac{\partial \boldsymbol{K}}{\partial x_e}\boldsymbol{U} \qquad (3-63)$$

从目标函数的表达式,可以直接得到 $\widetilde{U} = U$。由于刚度 $\boldsymbol{K} = \sum_{e=1}^{N} k_e, k_e =$

$(x_e)^p k_0$ 进而求得

$$\frac{\partial c}{\partial x_e} = -p x_e^{p-1} \boldsymbol{u}^{\mathrm{T}} k_e \boldsymbol{u} \tag{3-64}$$

3.5.3 优化准则的推导

对优化数学模型,构造其有关约束的拉格朗日函数为

$$L = c + \lambda(V - V_0) + \boldsymbol{\lambda}_1^{\mathrm{T}}(\boldsymbol{KU} - \boldsymbol{F}) \tag{3-65}$$

式中:乘子 $\lambda, \boldsymbol{\lambda}_1 \geqslant 0, \lambda$ 为标量,$\boldsymbol{\lambda}_1$ 为向量。根据 K - T 条件有拉格朗日函数关于设计变量的导数等于零,即

$$\frac{\partial L}{\partial x_e} = \frac{\partial c}{\partial x_e} + \lambda \frac{\partial V}{\partial x_e} + \boldsymbol{\lambda}_1^{\mathrm{T}} \frac{\partial(\boldsymbol{KU})}{\partial x_e} = 0 \tag{3-66}$$

即

$$\frac{\partial \boldsymbol{U}^{\mathrm{T}}}{\partial x_e} \boldsymbol{KU} + \boldsymbol{U}^{\mathrm{T}} \frac{\partial \boldsymbol{K}}{\partial x_e} \boldsymbol{U} + \boldsymbol{U}^{\mathrm{T}} \boldsymbol{K} \frac{\partial \boldsymbol{U}}{\partial x_e} + \lambda v_e + \boldsymbol{\lambda}_1^{\mathrm{T}} \left(\frac{\partial \boldsymbol{K}}{\partial x_e} \boldsymbol{U} + \boldsymbol{K} \frac{\partial \boldsymbol{U}}{\partial x_e} \right) = 0 \tag{3-67}$$

整理后有

$$\boldsymbol{U}^{\mathrm{T}} \frac{\partial \boldsymbol{K}}{\partial x_e} \boldsymbol{U} + \boldsymbol{\lambda}_1^{\mathrm{T}} \frac{\partial \boldsymbol{K}}{\partial x_e} \boldsymbol{U} + \frac{\partial \boldsymbol{U}}{\partial x_e} (2 \boldsymbol{U}^{\mathrm{T}} \boldsymbol{K} + \boldsymbol{\lambda}_1^{\mathrm{T}} \boldsymbol{K}) + \lambda v_e = 0 \tag{3-68}$$

令 $\boldsymbol{\lambda}_1^{\mathrm{T}} = -2 \boldsymbol{U}^{\mathrm{T}}$,则有

$$2 \boldsymbol{U}^{\mathrm{T}} \boldsymbol{K} + \boldsymbol{\lambda}_1^{\mathrm{T}} \boldsymbol{K} = 0 \tag{3-69}$$

简化为

$$-\boldsymbol{U}^{\mathrm{T}} \frac{\partial \boldsymbol{K}}{\partial x_e} + \lambda v_e = 0 \quad \text{即}$$

$$-p(x_e)^{p-1} \boldsymbol{u}_e^{\mathrm{T}} \boldsymbol{k}_0 u_e + \lambda v_e = 0 \tag{3-70}$$

由于单元应变能 $q_e = \frac{1}{2} \boldsymbol{u}_e^{\mathrm{T}} \boldsymbol{k}_0 u_e$,所以有

$$-2p(x_e)^{p-1} q_e + \lambda v_e = 0 \tag{3-71}$$

即 $\dfrac{2p(x_e)^{p-1} q_e}{\lambda v_e} = 1$,为设计变量的迭代准则,它的物理意义为:在整个结构的设计区域内,应变能密度是常量,由此建立迭代公式为

$$x_e^{k+1} = x_e^k \left[\frac{2p(x_e)^{p-1} q_e}{\lambda^k v_e} \right]^{\zeta}, \quad \text{令} \ B_e^k = \frac{2p(x_e^k)^{p-1} q_e}{\lambda^k v_e} \tag{3-72}$$

为了防止在迭代过程中,有限元单元相对密度发生从无到有的较大变化,因此在设计变量中引入一个移动限制 m,在迭代过程中,考虑设计变量 $\boldsymbol{x}$ 的移动

限,得到伪密度变量的迭代格式:

$$x_e^{\text{new}} = \begin{cases} \max(x_{\min}, x_e - m) & \text{若} & x_e(B_e^k)^{\zeta} \leqslant \max(x_{\min}, x_e - m), \\ x_e(B_e^k)^{\zeta} & \text{若} & \max(x_{\min}, x_e - m) \leqslant x_e(B_e^k)^{\zeta} \leqslant \min(1, x_e + m) \\ \min(1, x_e + m) & \text{若} & \min(1, x_e + m) \leqslant x_e(B_e^k)^{\zeta} \end{cases}$$

$$(3-73)$$

式中:ζ 为阻尼系数;m 为移动限,其变化范围为 $0 \sim 1$。

这样将使设计变量的迭代稳定。

通常根据经验,$m = 0.2, \zeta = 0.5$。

3.6 渐进结构优化方法

3.6.1 基本渐进结构优化方法

渐进结构优化方法(Evolutionary Structural Optimization, ESO)是澳籍华人科学家谢忆民和 Steven 于 1993 年提出的[18,19]。1997 年,谢忆民和 Steven 综合了该方法自提出以来的研究成果,出版了系统介绍该方法的学术专著《Evolutionary Structural Optimization》,书中详细地介绍了该方法的基本原理,内容涉及应力约束、刚度约束、位移约束、固有频率约束、稳定性约束、离散体结构及热传导等问题,并介绍了 ESO 在尺寸优化和形状优化上的应用[18-21]。该方法通过逐步删除固定网格划分结构上的材料率较为低下的单元,使整个结构逐渐趋于最优,从理论上最终达到一个 FSD(Full Stress Design)结构。对于当前结构存在的单元,其材料编号非零,对于不存在即已经删除的单元,其材料数编号为零,当计算结构刚度矩阵的时候,不计材料编号为零的单元一般可以通过改变该处单元的弹性模量,使其 1‰化来达到可以忽略其单元刚度的目的。

连续体结构的拓扑优化设计是继尺寸优化和形状优化后在结构优化领域出现的又一研究方向,其目的就是在减轻结构重量和保持某种性能的情况下,寻求结构材料在空间的最佳分布。渐进结构优化方法基本概念简单,与现存成熟的有限元分析软件具备良好的接口,利用已有的有限元分析软件,通过编制相应的优化算法,在计算机上迭代,将无效或低效的材料一步步去掉,使结构趋于优化,可同时实现形状和拓扑优化。

一个理想的结构,其每一部分的应力应该接近于相同的安全水平。通过这个概念可以导出基于某种当量应力水平的删除准则。在结构的某一部分如果材料处于没有利用的状态或者利用率较低下的状态,就将该处材料删除。如此方法逐渐删除当量应力水平较低的材料,不断地更新设计,使经过优化后剩余的材料的当量应力水平变得更加均匀。对于一个各向同性材料的拓扑优化问题,首

48

先建立一个能够覆盖最终设计区域的物理区域,然后建立足够细小的有限元网格,施加载荷和边界条件后,使用通用的有限元程序进行应力分析,计算需要的当量应力值,对于各向同性材料,可采用 Von Mises 应力来确定各个单元的应力水平。然后按照一定比例进行渐进结构拓扑优化,其优化步骤如下:

(1)在给定的载荷和边界条件下,定义初始设计区域,并根据该区域建立有限元离散网格。

(2)对有限元结构进行线性静力分析,采用某种当量应力准则,求出每个单元的当量应力值。

(3)对每一个单元当量应力与最大单元当量应力进行比较,判断是否满足

$$\frac{F_i}{F_{\max}} \leqslant RR_i \qquad (3-74)$$

如果式(3-74)满足,则删除该单元,其中 F_i 为第 i 单元的当量应力, $F_{\max}$ 为结构的最大当量应力, RR_i 为迭代到第 i 步时的单元删除率,其值按式(3-74)确定,即

$$RR_j = RR_i + ER \qquad (3-75)$$

式中: ER 为进化率; RR_0 和 ER 取值一般为 0.01% ~ 1% ,最初取值一般为 1% ,在实际中还要通过试算来确定。

单元删除个数记为 N_1,如果在一次迭代之内删除了单元数目太多,则说明 RR_0 取值过大,单元删除以后还要进行单元的奇异性检查,将奇异单元也要删除。单元删除个数记为 N_2,这样一来在每一次迭代中删除的单元个数为

$$N = N_1 + N_2 \qquad (3-76)$$

(4)如果在某一次迭代过程中删除的单元个数为 0,则认为达到一个稳态,这时进化率为

$$ER = ER + 1 \qquad (3-77)$$

(5)用增加后的进化率重复步骤(2)~(4),直到达到单元的最大应力超过容许应力。

优化性能指标计算方法。采用文献[21]提出的 PI 指标来衡量拓扑优化设计的效率。 PI 性能指标为

$$PI_d = \frac{(\sigma_{\text{MAX}})_{d,0} V_{d,0}}{(\sigma_{\text{MAX}})_{d,0} V_{d,i}} \qquad (3-78)$$

式中: $(\sigma_{\text{MAX}})_{d,0}$ 与 $V_{d,0}$ 分别为拓扑优化前结构的最大当量应力与体积; $(\sigma_{\text{MAX}})_{d,0}$ 与 $V_{d,i}$ 分别为第 i 代迭代时的当前最大当量应力和剩余体积。

在优化过程中,当满足应力约束时,用性能指标公式能测量拓扑设计的效率。性能指标能反映设计域的体积变化和应力水平[21]。

3.6.2 具有刚度约束的结构渐进优化方法

在机翼主要承力件的优化设计中,通常要求结构具有足够的刚度。其最大挠度处于规范允许范围内,因此刚度或位移也是结构设计中需要考虑的关键因素。本节介绍带有刚度或位移约束的结构拓扑和布局优化设计的渐进结构优化方法[22]。

在有限元分析中,结构静态受力特性用下列平衡方程表示,即

$$[K] \cdot \{U\} = \{P\} \qquad (3-79)$$

式中:$[K]$ 为总刚度矩阵;$[U]$ 为节点位移向量;$[P]$ 为节点载荷向量。

结构的应变能定义为

$$C = \frac{1}{2}\{P\}^{\mathrm{T}}\{U\} \qquad (3-80)$$

它常作为结构总刚度的逆的度量,也叫做平均柔度。很明显,使总的刚度最大与使应变能最小是等价的。

考虑从一个由 n 个有限单元构成的结构中删除第 i 个单元,刚度矩阵变化量为

$$\Delta[K] = [K^*] - [K] = -[K_i] \qquad (3-81)$$

式中:$[K^*]$ 为删除第 i 个单元后结构的总刚度矩阵;$[K_i]$ 为第 i 个单元的刚度矩阵。

假设删除第 i 个单元不影响载荷矢量 $\{P\}$,忽略高阶项,可得到位移变化量

$$\Delta\{U\} = -[K]^{-1}\Delta[K]\{U\} \qquad (3-82)$$

从以上两式有

$$\Delta C = \frac{1}{2}\{P\}^{\mathrm{T}}\{\Delta U\} = -\frac{1}{2}\{P\}^{\mathrm{T}}[K]^{-1}[\Delta K]\{U\} = \frac{1}{2}\{U^i\}^{\mathrm{T}}[K_i]\{U_i\}$$

$$(3-83)$$

式中:$\{U_i\}$ 为第 i 个单元的位移矢量。

因此定义

$$\alpha_i = \frac{1}{2}\{U_i\}^{\mathrm{T}}[K_i]\{U_i\} \qquad (3-84)$$

作为带有总刚度约束问题的灵敏度系数,该灵敏度系数的物理含义为,删除第 i 个单元而引起的应变能变化量,实际上,是每个单元对整个结构的总应变能的贡献,也就是单元应变能。这个量值是比较容易在单元刚度矩阵和单元位移矢量进行计算。对于刚度约束的结构渐进优化,优化目标是寻找满足刚度约束的最轻结构,典型地以下式给出约束条件:

$$C \leqslant C^*$$ (3 - 85)

式中:C^* 为 C 的指定上限。

一般地,当删除一个单元,结构的总刚度减小,相应地应变能增加。为了通过删除单元达到优化目标,最有效的办法显然是删除具有最小单元应变能的单元,以至于应变能的增加量最小。

总刚度约束优化的步骤如下:

(1)建立精细网格有限元结构。

(2)对给定的载荷,求解静力学方程。

(3)计算单元刚度灵敏度系数。

(4)删除一定数量具有最小灵敏度数的单元。

(5)重复步骤(2)~(4),直到条件不再满足为止。

参 考 文 献

[1] 李为吉,宋笔锋,孙侠生,等.飞行器结构优化设计[M].北京:国防工业出版社,2005.

[2] 陶全心,李著璟.结构优化设计方法[M].北京:清华大学出版社,1984.

[3] 李炳威.结构优化设计[M].北京:人民交通出版社,1986.

[4] 钱令希.工程结构优化设计[M].北京:水利电力出版社,1983.

[5] 丁运亮.结构优化设计.北京:航空工业出版社,2001.

[6] 雷英杰,张善文,李续武.遗传算法工具箱及应用[M].西安:西安电子科技大学出版社,2005.

[7] 焦李成,刘静,钟伟才.协同进化计算与多智能体系统[M].北京:科学出版社,2006.

[8] 王芳.粒子群算法研究[D].重庆:西南大学,2006.

[9] Dorigo M, Gambardella. Ant colonies for the traveling salesman problem[J]. BioSystems, 1997, 43(2): 73 - 81.

[10] Dorigo M, Maniezzo V, Colorni A. Positive feedback as a search stratege[R]. Technique Report, 91 - 016, University of Milan, Italy.

[11] Dorigo M, Gambardella L M. Ant colony system: A cooperative learning approach to the traveling salesman problem[J]. IEEE Transactions on Evolutionary Computation, 1997, 1(1): 53 - 66.

[12] Dorigo M, Stutzle T. Ant colony optimization[M]. MIT Press, 2004.

[13] 王伟.复合材料机翼结构优化设计关键技术研究[D].西安:西北工业大学,2004.

[14] Aybars UGur, DoGan Aydin. An interactive simulation and analysis software for solving TSP using Ant Colony Optimization algorithms[J]. advances in engineering software, 2009, 40(5): 341 - 349.

[15] 谢涛,刘静,刘军考.结构拓扑优化综述[J].机械工程师,2006,8:22 - 25.

[16] 左孔天.连续体结构拓扑优化理论与应用研究[D].武汉:华中科技大学,2004.

[17] 王伟.大展弦比飞翼结构拓扑形状与尺寸优化设计[D].西安:西北工业大学,2007.

[18] Xie Y M, Steven G P. A simple evolutionary procedure for structure optimization[J]. Computer Structures, 1993, 49(5): 885 - 896.

[19] Xie Y M, Steven G P. Evolutionary structural optimization[M]. Springer, Berlin.

[20] Xie Y M, Steven G P. Evolutionary Structural optimization for dynamic problems[J]. Computer Structures, 1996, 58(6): 1067 – 1073.

[21] 荣见华, 谢亿民, 姜节胜. 渐进结构优化设计的现状与进展[J]. 长沙交通学院学报, 2001, 17: 16 – 23.

[22] 荣见华, 郑健龙, 徐飞鸿. 结构动力修改与优化设计[M]. 北京: 人民交通出版社, 2002.

第4章 层合板优化设计方法

层合板通过单向带预浸料按照不同的方向铺叠而成,是飞机复合材料结构中最基本的结构形式,被广泛地应用到飞机机身、机翼蒙皮上。层合板的铺层参数分为铺层厚度、铺层角度和铺层顺序。铺层厚度直接与层合板的重量相关,该类参数的优化问题通常不改变各分层的铺层顺序,而优化出每一种角度铺层的最佳厚度(层数);铺层角度的优化问题一般不改变各分层的厚度,通过改变各铺层的铺向角来获得理想的刚度方向,常用于气动弹性剪裁设计;铺层顺序的优化问题一般不改变各分层的铺层比例,仅仅调整各单层的顺序,此时,层合板的面内刚度不变,弯曲刚度改变,从而达到提高层合板稳定性和振动特性的要求。

本章首先对复合材料经典层合板理论进行阐述,然后通过具体的算例对层合板优化设计常用的准则法、粒子群算法和蚁群算法及相关改进算法进行较系统的描述和探讨。

4.1 复合材料经典层合板设计

4.1.1 经典层合板理论的基本假设

经典层合板理论在建立力与变形的关系时,作以下假设[1]:

(1)平面应力假设,认为层合板的厚度与其他尺寸相比小得多。

(2)直法线假设,认为层合板未受载前垂直于中面的法线变形后仍垂直于中面。

(3)等法线假设,假定层合板中面的法线变形后长度不变,因而垂直于中面的应变及应力可以忽略不计。

图4-1定义了经典板的坐标和位移。

4.1.2 单层复合材料的应力—应变关系

1. 单层材料在材料方向的应力—应变关系

对于正交各向异性材料,平面应力状态下单层的应力—应变关系为

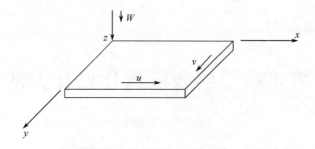

图 4 – 1 经典板的坐标和位移

$$\begin{Bmatrix} \varepsilon_1 \\ \varepsilon_2 \\ \gamma_{12} \end{Bmatrix} = \begin{bmatrix} S_{11} & S_{12} & 0 \\ S_{12} & S_{22} & 0 \\ 0 & 0 & S_{66} \end{bmatrix} \begin{Bmatrix} \sigma_1 \\ \sigma_2 \\ \tau_{12} \end{Bmatrix} \tag{4-1}$$

式中：$S_{11} = \dfrac{1}{E_1}$；$S_{22} = \dfrac{1}{E_2}$；$S_{66} = \dfrac{1}{G_{12}}$；$S_{12} = -\dfrac{\mu_{12}}{E_2} = -\dfrac{\mu_{21}}{E_1}$

将式(4 – 1)写成应力—应变关系式为

$$\begin{Bmatrix} \sigma_1 \\ \sigma_2 \\ \tau_{12} \end{Bmatrix} = \begin{bmatrix} Q_{11} & Q_{12} & 0 \\ Q_{12} & Q_{22} & 0 \\ 0 & 0 & Q_{66} \end{bmatrix} \begin{Bmatrix} \varepsilon_1 \\ \varepsilon_2 \\ \gamma_{12} \end{Bmatrix} \tag{4-2a}$$

$$[\boldsymbol{Q}] = \begin{bmatrix} Q_{11} & Q_{12} & 0 \\ Q_{12} & Q_{22} & 0 \\ 0 & 0 & Q_{66} \end{bmatrix} \tag{4-2b}$$

式中：$Q_{11} = \dfrac{E_1}{1 - \mu_{12}\mu_{21}}$；$Q_{22} = \dfrac{E_2}{1 - \mu_{12}\mu_{21}}$；$Q_{66} = G_{12}$；$Q_{12} = \dfrac{\mu_{21} E_2}{1 - \mu_{12}\mu_{21}} = \dfrac{\mu_{12} E_1}{1 - \mu_{12}\mu_{21}}$；$Q_{ij}$ 是二维刚度矩阵。E_1、E_2、G_{12} 和 μ_{12}、μ_{21} 分别为正交各向异性材料的面内工程弹性常数。

2. 单层材料任意方向的应力—应变关系

复合材料结构设计和分析所取的整体坐标系往往不完全与材料的正轴坐标系重合。为了能在统一的 x, y 坐标系下计算材料的刚度，需要知道单层材料在非主方向，即 x、y 方向(图 4 – 2)上的弹性系数(称为偏轴的弹性系数)与材料主方向的弹性系数之间的关系，θ 表示从 x 轴转向 l 轴的角度，以逆时针方向转为正。

记转换矩阵 $[\boldsymbol{T}]$ 为

$$[\boldsymbol{T}] = \begin{bmatrix} \sin^2\theta & \cos^2\theta & 2\sin\theta\cos\theta \\ \cos^2\theta & \sin^2\theta & -2\sin\theta\cos\theta \\ -\sin\theta\cos\theta & \sin\theta\cos\theta & \sin^2\theta - \cos^2\theta \end{bmatrix} \tag{4-3}$$

54

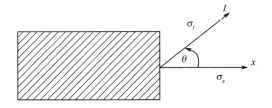

图4-2 单层复合材料偏轴方向的应力表示

则偏轴方向上的应力和应变与正轴方向间的关系分别为

$$\begin{Bmatrix} \sigma_x \\ \sigma_y \\ \tau_{xy} \end{Bmatrix} = [\,\boldsymbol{T}\,]^{-1} \begin{Bmatrix} \sigma_1 \\ \sigma_2 \\ \tau_{12} \end{Bmatrix}$$

$$\begin{Bmatrix} \varepsilon_x \\ \varepsilon_y \\ \dfrac{\gamma_{xy}}{2} \end{Bmatrix} = [\,\boldsymbol{T}\,]^{-1} \begin{Bmatrix} \varepsilon_1 \\ \varepsilon_2 \\ \dfrac{\gamma_{12}}{2} \end{Bmatrix}$$

偏轴方向上的应力—应变关系为

$$\begin{Bmatrix} \sigma_x \\ \sigma_y \\ \tau_{xy} \end{Bmatrix} = [\,\boldsymbol{T}\,]^{-1} \begin{Bmatrix} \sigma_1 \\ \sigma_2 \\ \tau_{12} \end{Bmatrix} = [\,\boldsymbol{T}\,]^{-1}[\,\boldsymbol{Q}\,] \begin{Bmatrix} \varepsilon_1 \\ \varepsilon_2 \\ \gamma_{12} \end{Bmatrix} = [\,\boldsymbol{T}\,]^{-1}[\,\boldsymbol{Q}\,]([\,\boldsymbol{T}\,]^{-1})^{\mathrm{T}} \begin{Bmatrix} \varepsilon_x \\ \varepsilon_y \\ \gamma_{xy} \end{Bmatrix}$$

$$(4-4a)$$

将式(4-4a)改写为

$$\begin{Bmatrix} \sigma_x \\ \sigma_y \\ \tau_{xy} \end{Bmatrix} = \begin{bmatrix} \overline{Q}_{11} & \overline{Q}_{12} & \overline{Q}_{16} \\ \overline{Q}_{12} & \overline{Q}_{22} & \overline{Q}_{26} \\ \overline{Q}_{16} & \overline{Q}_{26} & \overline{Q}_{66} \end{bmatrix}_k \begin{Bmatrix} \varepsilon_x \\ \varepsilon_y \\ \gamma_{xy} \end{Bmatrix} \qquad (4-4b)$$

记转换后的折算刚度矩阵为

$$[\,\overline{\boldsymbol{Q}}\,] = [\,\overline{\boldsymbol{T}}\,]^{-1}[\,\overline{\boldsymbol{Q}}\,]([\,\overline{\boldsymbol{T}}\,]^{-1})^{\mathrm{T}}$$

其中

$$\overline{Q}_{11} = Q_{11}\cos^4\theta + 2(Q_{12} + 2Q_{66})\sin^2\theta\cos^2\theta + Q_{22}\sin^4\theta$$

$$\overline{Q}_{12} = (Q_{11} + Q_{22} - 4Q_{66})\sin^2\theta\cos^2\theta + Q_{12}(\sin^4\theta + \cos^4\theta)$$

$$\overline{Q}_{22} = Q_{11}\sin^4\theta + 2(Q_{12} + 2Q_{66})\sin^2\theta\cos^2\theta + Q_{22}\cos^4\theta$$

$$\overline{Q}_{16} = (Q_{11} - Q_{12} - 2Q_{66})\sin\theta\cos^3\theta + (Q_{12} - Q_{22} + 2Q_{66})\sin^3\theta\cos\theta$$

$$\overline{Q}_{26} = (Q_{11} - Q_{12} - 2Q_{66})\sin^3\theta\cos\theta + (Q_{12} - Q_{22} + 2Q_{66})\sin\theta\cos^3\theta$$

$$\overline{Q}_{66} = (Q_{11} + Q_{22} - 2Q_{12} - 2Q_{66})\sin^2\theta\cos^2\theta + 2Q_{66}(\sin^4\theta + \cos^4\theta)$$

$$(4-5)$$

矩阵$[\overline{Q}]$表示主方向二维刚度矩阵$[Q]$的转换矩阵,它有9个系数,一般都不为零,但具有对称性,因而有6个不同的系数。

4.1.3 层合板的应力—应变关系

假定层合板内部的胶结处于完好状态,如图4-3所示,应变沿铺层厚度方向线性连续分布。由复合材料力学知,基于经典层合板理论的应变与板变形之间的关系可表示为

$$\varepsilon_x = \frac{\partial u_0}{\partial x} - z\frac{\partial^2 w_0}{\partial x^2}$$

$$\varepsilon_y = \frac{\partial v_0}{\partial y} - z\frac{\partial^2 w_0}{\partial y^2}$$

$$\gamma_{xy} = \left(\frac{\partial u_0}{\partial y} + \frac{\partial v_0}{\partial x}\right) - 2z\frac{\partial^2 w_0}{\partial x\partial y} \qquad (4-6)$$

式(4-6)应变也可写为

$$\begin{bmatrix} \varepsilon_x \\ \varepsilon_y \\ \gamma_{xy} \end{bmatrix} = \begin{bmatrix} \varepsilon_x^0 \\ \varepsilon_y^0 \\ \gamma_{xy}^0 \end{bmatrix} + z\begin{bmatrix} k_x \\ k_y \\ k_{xy} \end{bmatrix} \qquad (4-7)$$

式中:ε_x^0、ε_y^0和γ_{xy}^0分别为板中面的应变;$k_x = -\dfrac{\partial^2 w_0}{\partial x^2}$、$k_y = -\dfrac{\partial^2 w_0}{\partial y^2}$和$k_{xy} = -2\dfrac{\partial^2 w_0}{\partial x\partial y}$为板中面的曲率。

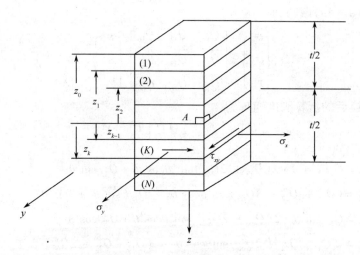

图4-3 层合板刚度特性计算模型

采用Hooke定律,由式(4-4b)知,层合板任意层的应力可以通过应变计算,即

56

$$\begin{bmatrix} \sigma_x \\ \sigma_y \\ \tau_{xy} \end{bmatrix} = \begin{bmatrix} \overline{Q}_{11} & \overline{Q}_{12} & \overline{Q}_{16} \\ \overline{Q}_{12} & \overline{Q}_{22} & \overline{Q}_{26} \\ \overline{Q}_{16} & \overline{Q}_{26} & \overline{Q}_{66} \end{bmatrix}_k \left[\begin{Bmatrix} \varepsilon_x^0 \\ \varepsilon_y^0 \\ \gamma_{xy}^0 \end{Bmatrix} + z \begin{bmatrix} k_x \\ k_y \\ k_{xy} \end{bmatrix} \right] \tag{4-8}$$

4.1.4 层合板的内力—应变关系

复合材料经典层合板内力与应变的本构方程为

$$\begin{bmatrix} N_x \\ N_y \\ N_{xy} \\ \hline M_x \\ M_y \\ M_{xy} \end{bmatrix} = \left[\begin{array}{ccc|ccc} A_{11} & A_{12} & A_{16} & B_{11} & B_{12} & B_{16} \\ A_{12} & A_{22} & A_{26} & B_{12} & B_{22} & B_{26} \\ A_{16} & A_{26} & A_{66} & B_{16} & B_{26} & B_{66} \\ \hline B_{11} & B_{12} & B_{16} & D_{11} & D_{12} & D_{16} \\ B_{12} & B_{22} & B_{26} & D_{12} & D_{22} & D_{26} \\ B_{16} & B_{26} & B_{66} & D_{16} & D_{26} & D_{66} \end{array} \right] \begin{bmatrix} \varepsilon_x^0 \\ \varepsilon_y^0 \\ \gamma_{xy}^0 \\ \hline k_x \\ k_y \\ k_{xy} \end{bmatrix} \tag{4-9a}$$

式中:

$$\begin{Bmatrix} N_x \\ N_y \\ N_{xy} \end{Bmatrix} = \sum_{k=1}^{n} \left[\overline{Q}_{ij} \right]_k \left[(z_k - z_{k-1}) \begin{Bmatrix} \varepsilon_x^0 \\ \varepsilon_y^0 \\ \gamma_{xy}^0 \end{Bmatrix} + \frac{1}{2}(z_k^2 - z_{k-1}^2) \begin{Bmatrix} k_x \\ k_y \\ k_{xy} \end{Bmatrix} \right]$$

$$\begin{Bmatrix} M_x \\ M_y \\ M_{xy} \end{Bmatrix} = \sum_{k=1}^{n} \left[\overline{Q}_{ij} \right]_k \left[\frac{1}{2}(z_k^2 - z_{k-1}^2) \begin{Bmatrix} \varepsilon_x^0 \\ \varepsilon_y^0 \\ \gamma_{xy}^0 \end{Bmatrix} + \frac{1}{3}(z_k^3 - z_{k-1}^3) \begin{Bmatrix} k_x \\ k_y \\ k_{xy} \end{Bmatrix} \right]$$

于是,式(4-9a)可改写为

$$\begin{Bmatrix} \dfrac{N}{M} \end{Bmatrix} = \begin{bmatrix} A & B \\ \hline B & D \end{bmatrix} \begin{Bmatrix} \dfrac{\varepsilon^0}{k} \end{Bmatrix} \tag{4-9b}$$

$$A_{ij} = \sum_{k=1}^{n} \left[\overline{Q}_{ij} \right]_k (z_k - z_{k-1})$$

$$B_{ij} = \frac{1}{2} \sum_{k=1}^{n} \left[\overline{Q}_{ij} \right]_k (z_k^2 - z_{k-1}^2)$$

$$D_{ij} = \frac{1}{3} \sum_{k=1}^{n} \left[\overline{Q}_{ij} \right]_k (z_k^3 - z_{k-1}^3) \tag{4-10a}$$

式中:[A]为层合板面内内力与面内应变之间的拉伸刚度矩阵(3×3 矩阵);
[B]为层合板面外弯曲与面内应变或面外曲率与面内内力之间的耦合刚度矩阵

$(3 \times 3$ 矩阵$)$;$[D]$为层合板面外弯曲和面外曲率之间的弯扭刚度矩阵$(3 \times 3$ 矩阵$)$。

参见图$4 - 3$,定义$(z_k - z_{k-1}) = t_k$,t_k 即为第 k 层的厚度。$\frac{1}{2}(z_k + z_{k-1}) = \bar{z}_k$,$\frac{1}{2}(z_k^2 + z_{k-1}^2) = \bar{z}_k t_k$,即为第 k 层的形心位置,从而 $z_k = \bar{z}_k + \frac{t_k}{2}$ 及 $z_{k-1} = \bar{z}_k - \frac{t_k}{2}$。于是式$(4 - 10a)$可改写为

$$A_{ij} = \sum_{k=1}^{n} [\bar{Q}_{ij}]_k t_k$$

$$B_{ij} = \sum_{k=1}^{n} [\bar{Q}_{ij}]_k \bar{z}_k t_k \qquad (4 - 10b)$$

$$D_{ij} = \sum_{k=1}^{n} [\bar{Q}_{ij}]_k \left(\frac{t_k^3}{12} + \bar{z}^2 t_k \right)$$

层合板合力及合力矩示意图如图$4 - 4$所示。

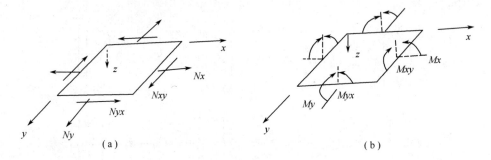

图$4 - 4$　层合板合力及合力矩示意图
（a）层合板合力示意图；（b）层合板合力矩示意图。

4.1.5　各类层合板的刚度系数计算

1. 单层设计

虽然大多数情况下单层复合材料不能单独使用,但作为层压结构材料的基本单元,给出单层刚度矩阵的计算公式是十分必要的。

（1）各向同性单层设计（isotropic single layer design）。对于各向同性单层,由于 $\bar{z} = 0$,$B_{ij} = \sum_{k=1}^{n} [\bar{Q}_{ij}]_k t_k \bar{z}_k = 0$,因此,不存在面内和面外力与应变之间的耦合。由于板是各向同性的,$[Q_{ij}] = [\bar{Q}_{ij}]$,$Q_{11} = Q_{22}$,$Q_{16} = Q_{26} = 0$,$Q_{66} = \frac{E}{2(1 + \nu)}$,式$(4 - 10b)$中的刚度系数简化为

58

$$\begin{cases} A_{11} = A_{22} = \dfrac{Et}{1-\nu^2} \\[2mm] A_{12} = \dfrac{\nu Et}{1-\nu^2} \\[2mm] A_{16} = A_{26} = 0 \\[2mm] A_{66} = \dfrac{Et}{2(1+\nu)} \\[2mm] B_{ij} = 0 \\[2mm] D_{11} = D_{22} = \dfrac{Et^3}{12(1-\nu^2)} \\[2mm] D_{12} = \dfrac{\nu Et^3}{12(1-\nu^2)} \\[2mm] D_{16} = D_{26} = 0 \\[2mm] D_{66} = \dfrac{Et^3}{24(1+\nu)} \end{cases} \qquad (4-11)$$

（2）单向单层复合材料（unidirectional single composite）。单向单层复合材料如图 4-5 所示，纤维沿 x 方向。此种情况，$[Q_{ij}] = [\overline{Q}_{ij}]$，$Q_{16} = Q_{26} = 0$，但 $Q_{11} \neq Q_{22}$，$Q_{66} \neq \dfrac{E}{2(1+\nu)}$。由于仅有一层，所以 $B_{ij} = 0$。

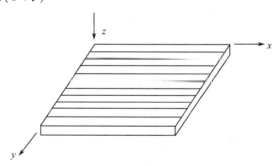

图 4-5　单向单层复合材料板

单向复合材料层合板在纤维方向加载，完整的本构方程为

$$\begin{Bmatrix} N_x \\ N_y \\ N_{xy} \\ \hline M_x \\ M_y \\ M_{xy} \end{Bmatrix} = \begin{bmatrix} A_{11} & A_{12} & 0 & 0 & 0 & 0 \\ A_{12} & A_{22} & 0 & 0 & 0 & 0 \\ 0 & 0 & A_{66} & 0 & 0 & 0 \\ \hline 0 & 0 & 0 & D_{11} & D_{12} & 0 \\ 0 & 0 & 0 & D_{12} & D_{22} & 0 \\ 0 & 0 & 0 & 0 & 0 & D_{66} \end{bmatrix} \begin{Bmatrix} \varepsilon_x^0 \\ \varepsilon_y^0 \\ \gamma_{xy}^0 \\ \hline k_x \\ k_y \\ k_{xy} \end{Bmatrix} \qquad (4-12)$$

（3）单向斜交层合板（unidirectional angle-ply composite）。单向斜交层合

板,纤维方向也与 x 轴成 θ 角。此种情况,$[Q_{ij}] \neq [\overline{Q}_{ij}]$,$Q_{16} \neq Q_{26}$,$Q_{11} \neq Q_{22}$ 以及 $Q_{66} \neq \dfrac{E}{2(1+\nu)}$。由于仅有一层,所以 $B_{ij} = 0$,偏轴单向斜交铺层的本构方程为

$$
\begin{Bmatrix} N_x \\ N_y \\ N_{xy} \\ \hdashline M_x \\ M_y \\ M_{xy} \end{Bmatrix} = \begin{bmatrix} A_{11} & A_{12} & A_{16} & 0 & 0 & 0 \\ A_{12} & A_{22} & A_{26} & 0 & 0 & 0 \\ A_{16} & A_{26} & A_{66} & 0 & 0 & 0 \\ \hdashline 0 & 0 & 0 & D_{11} & D_{12} & D_{16} \\ 0 & 0 & 0 & D_{12} & D_{22} & D_{26} \\ 0 & 0 & 0 & D_{16} & D_{26} & D_{66} \end{bmatrix} \begin{Bmatrix} \varepsilon_x^0 \\ \varepsilon_y^0 \\ \gamma_{xy}^0 \\ \hdashline k_x \\ k_y \\ k_{xy} \end{Bmatrix} \tag{4-13}
$$

2. 多层设计

(1)非对称一般斜交层合板(asymmetric general angle – ply laminate)。

非对称一般斜交层合板由不同方向并以非规则顺序的正交单层组成(非均衡、非对称等),此种情况 $B_{ij} \neq 0$,本构关系即为式(4-9a)

$$
\begin{Bmatrix} N_x \\ N_y \\ N_{xy} \\ \hdashline M_x \\ M_y \\ M_{xy} \end{Bmatrix} = \begin{bmatrix} A_{11} & A_{12} & A_{16} & B_{11} & B_{12} & B_{16} \\ A_{11} & A_{12} & A_{26} & B_{12} & B_{22} & B_{26} \\ A_{16} & A_{26} & A_{66} & B_{16} & B_{26} & B_{66} \\ \hdashline B_{11} & B_{12} & B_{16} & D_{11} & D_{12} & D_{16} \\ B_{11} & B_{12} & B_{26} & D_{12} & D_{22} & D_{26} \\ B_{16} & B_{26} & B_{66} & D_{16} & D_{26} & D_{66} \end{bmatrix} \begin{Bmatrix} \varepsilon_x^0 \\ \varepsilon_y^0 \\ \gamma_{xy}^0 \\ \hdashline k_x \\ k_y \\ k_{xy} \end{Bmatrix} \tag{4-9a}
$$

此情况所有的刚度系数非零,所有的交叉项都是可能的。任何应变或位移都将产生相应的力或力矩。

(2)对称层合板(symmetric laminates)。

对称层合板指层合板的所有铺层及其各种特性和参数相对于板的几何中面对称。以图 4-6 所示的层合板为例,该层合板的铺层 1 和铺层 4 具有相同的厚度和弹性特性,铺层 2 和铺层 3 也具有相同的厚度和弹性特性,但有可能与铺层 1 和铺层 4 不相同。于是,$t_1 = t_4$,$t_2 = t_3$,$[\overline{Q}_{ij}]_1 = [\overline{Q}_{ij}]_4$,$[\overline{Q}_{ij}]_2 = [\overline{Q}_{ij}]_3$。同样相互对称的铺层相对于层合板中面的坐标满足 $\bar{z}_1 = -\bar{z}_4$,$\bar{z}_2 = -\bar{z}_3$ 的关系,于是

图 4-6 对称层合板

60

$$A_{ij} = \sum_{k=1}^{4} [\overline{Q}_{ij}]_k t_k = [\overline{Q}_{ij}]_1 (t_1 + t_4) + [\overline{Q}_{ij}]_2 (t_2 + t_3)$$

$$B_{ij} = \sum_{k=1}^{4} [\overline{Q}_{ij}]_k \bar{z}_k t_k = [\overline{Q}_{ij}]_1 (\bar{z}_1 + \bar{z}_4) t_1 + [\overline{Q}_{ij}]_2 (\bar{z}_1 + \bar{z}_3) t_2$$

$$D_{ij} = \sum_{k=1}^{n} [\overline{Q}_{ij}]_k \left(\frac{t_k^3}{12} + \bar{z}^2 t_k \right)$$

$$= [\overline{Q}_{ij}]_1 \left(\bar{z}_1^2 + \bar{z}_4^2 + \frac{t_1^3}{6} \right) t_1 + [\overline{Q}_{ij}]_2 \left(\bar{z}_2^2 + \bar{z}_3^2 + \frac{t_3^3}{6} \right) t_2$$

$$(4-14)$$

可见,$B_{ij}=0$、$A_{ij}\neq0$ 和 $D_{ij}\neq0$。对称铺层层合板,不论铺层数为奇数还是偶数,$B_{ij}=0$。

(3) 对称正交层合板(symmetric cross-ply laminate)。

对称正交铺层合板(如[0/90/0])的表示如图4-7所示。

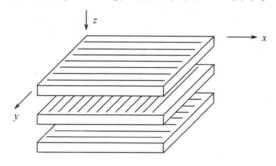

图4-7 对称正交铺层

由于所有的铺层都沿主方向受载,层合板中的每一个铺层的刚度矩阵满足 $[\overline{Q}_{ij}]_k = [Q_{ij}]_k$,对于所有的正交铺层,存在以下关系:$[Q_{11}]_0 = [Q_{22}]_{90}$,$[Q_{11}]_{90} = [Q_{22}]_0$,$[Q_{16}]_k = [Q_{26}]_k = 0$。层合板对称,$B_{ij}=0$,因此,不存在面内与面外载荷与应变的耦合。由于 $(Q_{16})_k = (Q_{26})_k = 0$,于是,$A_{16} = A_{26} = 0$,$D_{16} = D_{26} = 0$,亦即不存在拉伸与剪切之间交互作用,弯曲与扭转之间也不存在交互作用。对称正交铺层的本构关系为

$$\begin{Bmatrix} N_x \\ N_y \\ N_{xy} \\ \hline M_x \\ M_y \\ M_{xy} \end{Bmatrix} = \begin{bmatrix} A_{11} & A_{12} & 0 & \vdots & 0 & 0 & 0 \\ A_{12} & A_{22} & 0 & \vdots & 0 & 0 & 0 \\ 0 & 0 & A_{66} & \vdots & 0 & 0 & 0 \\ \hline 0 & 0 & 0 & \vdots & D_{11} & D_{12} & 0 \\ 0 & 0 & 0 & \vdots & D_{12} & D_{22} & 0 \\ 0 & 0 & 0 & \vdots & 0 & 0 & D_{66} \end{bmatrix} \begin{Bmatrix} \varepsilon_x^0 \\ \varepsilon_y^0 \\ \gamma_{xy}^0 \\ \hline k_x \\ k_y \\ k_{xy} \end{Bmatrix}$$

$$(4-15)$$

（4）对称斜交层合板（symmetric angle – ply laminate）。

图4 – 8给出了3层斜交铺层，沿偏轴θ角方向作用载荷。对于偏轴承载荷，$\overline{Q}_{16}\neq 0$，$\overline{Q}_{26}\neq 0$。因此，本构方程为

$$\begin{Bmatrix} N_x \\ N_y \\ N_{xy} \\ M_x \\ M_y \\ M_{xy} \end{Bmatrix} = \begin{bmatrix} A_{11} & A_{12} & A_{16} & 0 & 0 & 0 \\ A_{12} & A_{22} & A_{26} & 0 & 0 & 0 \\ A_{16} & A_{26} & A_{66} & 0 & 0 & 0 \\ 0 & 0 & 0 & D_{11} & D_{12} & D_{16} \\ 0 & 0 & 0 & D_{12} & D_{12} & D_{26} \\ 0 & 0 & 0 & D_{16} & D_{26} & D_{66} \end{bmatrix} \begin{Bmatrix} \varepsilon_x^0 \\ \varepsilon_y^0 \\ \gamma_{xy}^0 \\ k_x \\ k_y \\ k_{xy} \end{Bmatrix} \quad (4-16)$$

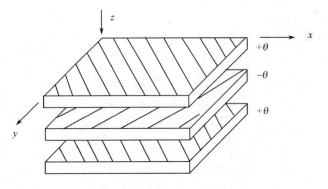

图4 – 8　对称斜交铺层

（5）均衡层合板（balanced laminates）。

均衡层合板指存在着相对于参考轴成θ角的铺层和与之相对应与参考轴成$-\theta$角的铺层。均衡铺层的纤维方向角的正负号对$\overline{Q}_{16}$和$\overline{Q}_{26}$有重要影响。刚度系数是θ的奇数幂函数。

$$\overline{Q}_{16} = (Q_{11} - Q_{12} - 2Q_{66})\cos^3\theta\sin\theta + (Q_{12} - Q_{22} + 2Q_{66})\cos\theta\sin^3\theta$$

$$\overline{Q}_{26} = (Q_{12} - Q_{22} - 2Q_{66})\cos^3\theta\sin\theta + (Q_{11} - Q_{12} + 2Q_{66})\cos\theta\sin^3\theta$$

$$\sin^{2n+1}(-\theta) = -\sin^{2n+1}(\theta)$$

$$\cos^{2n+1}(-\theta) = \cos^{2n+1}(\theta)$$

式中：$n = 0,1,2,\cdots$。于是由对称层合板的定义可以知

$$\overline{Q}_{16-\theta} = -\overline{Q}_{16-\theta}$$

$$\overline{Q}_{26-\theta} = -\overline{Q}_{26-\theta}$$

$$A_{16} = [\overline{Q}_{16-\theta} + \overline{Q}_{16+\theta}]t = 0$$

$$A_{26} = [\overline{Q}_{26-\theta} + \overline{Q}_{26+\theta}]t = 0 \quad (4-17)$$

由式(4-11)知,均衡层合板的面内刚度系数$[A_{ij}]$与叠层顺序无关。该结论也可推广到更多铺层的对称均衡层合板。

(6)不对称均衡斜交层合板(asymmetric balanced angle – ply laminate)。

不对称均衡斜交层合板的例子如图4-9所示。

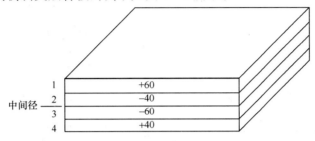

图4-9　不对称均衡斜交层合板

不对称均衡斜交层合板的本构方程为

$$\begin{Bmatrix} N_x \\ N_y \\ N_{xy} \\ \hline M_x \\ M_y \\ M_{xy} \end{Bmatrix} = \begin{bmatrix} A_{11} & A_{12} & 0 & \vdots & B_{11} & B_{12} & B_{16} \\ A_{11} & A_{22} & 0 & \vdots & B_{12} & B_{22} & B_{26} \\ 0 & 0 & A_{66} & \vdots & B_{16} & B_{26} & B_{66} \\ \hdashline B_{11} & B_{12} & B_{16} & \vdots & D_{11} & D_{12} & D_{16} \\ B_{11} & B_{12} & B_{26} & \vdots & D_{12} & D_{22} & D_{26} \\ B_{16} & B_{26} & B_{66} & \vdots & D_{16} & D_{26} & D_{66} \end{bmatrix} \begin{Bmatrix} \varepsilon_x^0 \\ \varepsilon_y^0 \\ \gamma_{xy}^0 \\ \hline k_x \\ k_y \\ k_{xy} \end{Bmatrix} \qquad (4-18)$$

(7)对称均衡斜交层合板(symmetric balanced angle – ply laminate)。

对称均衡斜交层合板如图4-10所示,本构方程为

$$\begin{Bmatrix} N_x \\ N_y \\ N_{xy} \\ \hline M_x \\ M_y \\ M_{xy} \end{Bmatrix} = \begin{bmatrix} A_{11} & A_{12} & 0 & \vdots & 0 & 0 & 0 \\ A_{12} & A_{22} & 0 & \vdots & 0 & 0 & 0 \\ 0 & 0 & A_{66} & \vdots & 0 & 0 & 0 \\ \hdashline 0 & 0 & 0 & \vdots & D_{11} & D_{12} & D_{16} \\ 0 & 0 & 0 & \vdots & D_{12} & D_{22} & D_{26} \\ 0 & 0 & 0 & \vdots & D_{16} & D_{26} & D_{66} \end{bmatrix} \begin{Bmatrix} \varepsilon_x^0 \\ \varepsilon_y^0 \\ \gamma_{xy}^0 \\ \hline k_x \\ k_y \\ k_{xy} \end{Bmatrix} \qquad (4-19)$$

0
-45
+45
+45
-45
0

图4-10　对称均衡斜交层合板

(8)反对称均衡斜交层合板(anti – symmetric balanced angle – ply laminate)。

反对称均衡层合板指存在着相对于参考轴成 θ 角的铺层,存在与之相对应与参考轴成 $-\theta$ 角的铺层,如图 4 – 11 所示。为保证反对称性,必须存在偶数铺层,而且具有相同的厚度。反对称层合板是均衡层合板的特殊情况,$A_{16} = A_{26} = 0$。

$$\begin{Bmatrix} N_x \\ N_y \\ N_{xy} \\ \hline M_x \\ M_y \\ M_{xy} \end{Bmatrix} = \left[\begin{array}{ccc:ccc} A_{11} & A_{12} & 0 & 0 & 0 & B_{16} \\ A_{12} & A_{22} & 0 & 0 & 0 & B_{26} \\ 0 & 0 & A_{66} & B_{16} & B_{26} & 0 \\ \hline 0 & 0 & B_{16} & D_{11} & D_{12} & 0 \\ 0 & 0 & B_{26} & D_{12} & D_{22} & 0 \\ B_{16} & B_{26} & 0 & 0 & 0 & D_{66} \end{array} \right] \begin{Bmatrix} \varepsilon_x^0 \\ \varepsilon_y^0 \\ \gamma_{xy}^0 \\ \hline k_x \\ k_y \\ k_{xy} \end{Bmatrix} \qquad (4-20)$$

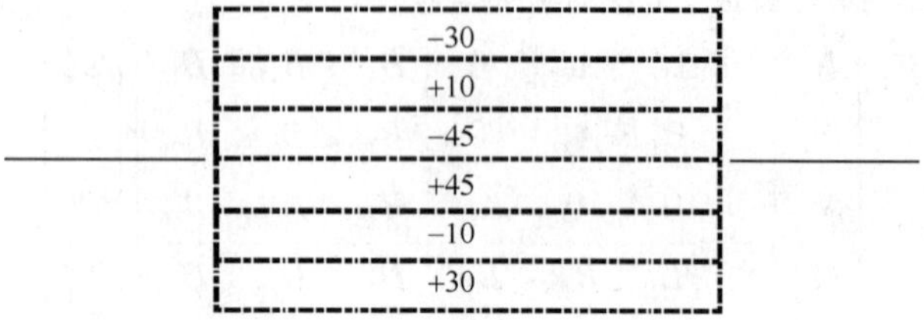

图 4 – 11　反对称斜交层合板

（9）反对称均衡规则斜交层合板(anti – symmetric balanced regular angle – ply laminate)。

如果一个斜交层合板的正和负的铺层角的绝对值相同,则该层合板被称为规则层合板。如果层合板的铺层数为偶数,则该层合板一定是反对称均衡的,如图 4 – 12 所示。反对称导致刚度系数为

$$A_{16} = A_{26} = D_{16} = D_{26} = 0$$
$$B_{16} = 2\bar{Q}_{16} t (\bar{z}_1 - \bar{z}_2 + \bar{z}_3 - \bar{z}_4 \cdots \bar{z}_n)$$
$$B_{26} = 2\bar{Q}_{26} t (\bar{z}_1 - \bar{z}_2 + \bar{z}_3 - \bar{z}_4 \cdots \bar{z}_n)$$

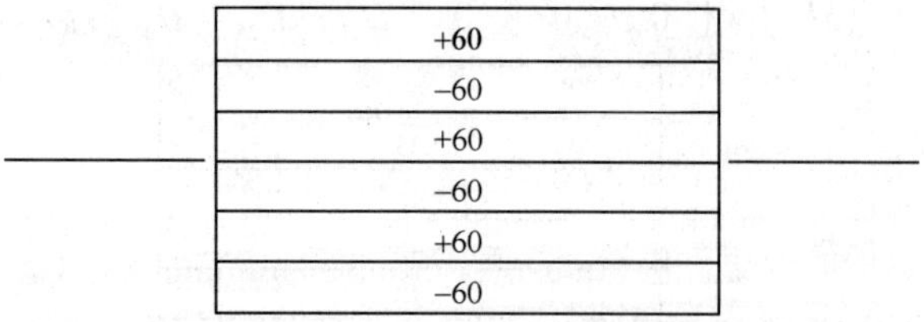

图 4 – 12　反对称规则斜交层合板

随着铺层数的增加,铺层形心之间的相对距离变得越来越小,因此 B_{16} 和 B_{26} 变得更小。

$$\begin{Bmatrix} N_x \\ N_y \\ N_{xy} \\ \hline M_x \\ M_y \\ M_{xy} \end{Bmatrix} = \begin{bmatrix} A_{11} & A_{12} & 0 & \vdots & 0 & 0 & b_{16} \\ A_{12} & A_{22} & 0 & \vdots & 0 & 0 & b_{26} \\ 0 & 0 & A_{66} & \vdots & b_{16} & b_{26} & 0 \\ \hline 0 & 0 & b_{16} & \vdots & D_{11} & D_{12} & 0 \\ 0 & 0 & b_{26} & \vdots & D_{12} & D_{22} & 0 \\ b_{16} & b_{26} & 0 & \vdots & 0 & 0 & D_{66} \end{bmatrix} \begin{Bmatrix} \varepsilon_x^0 \\ \varepsilon_y^0 \\ \gamma_{xy}^0 \\ \hline k_x \\ k_y \\ k_{xy} \end{Bmatrix} \qquad (4-21)$$

本构方程与式(4-20)相似,只是用小写的 b_{16} 和 b_{26} 替换 B_{16} 和 B_{26},以表明随着铺层数的增加,这些系数变得更小。

(10)不对称正交铺层合板(asymmetric cross-ply laminate)。

不对称正交铺层仅包括 $0°$ 和 $90°$ 铺层,但它们通常相对于中面不对称。由 8 个铺层组成的层合板 $[0/90/90/0/0/90/0/0]$ 即为不对称正交铺层合板。如果层合板的铺层从序号 1 起,自上而下排列,中面位于第 4 层与第 5 层之间,铺层 1 和 8、3 和 6 及 4 和 5 相对于中面是对称的。铺层 2 和 7 是不对称的,因而整个层合板也是不对称的。对于 $0°$ 和 $90°$ 铺层,$\overline{Q}_{16} = Q_{16} = 0$ 及 $\overline{Q}_{26} = Q_{26} = 0$,那么 $A_{16} = A_{26} = D_{16} = D_{26} = 0$,利用关系式 $\overline{Q}_{12} = Q_{12}$ 和 $\overline{Q}_{66} = Q_{66}$ 可知,每一组反对称铺层为

$$B_{12} = (\overline{Q}_{12}^0 - \overline{Q}_{12}^{90})zt = 0$$
$$B_{66} = (\overline{Q}_{66}^0 - \overline{Q}_{66}^{90})zt = 0$$

利用关系式 $\overline{Q}_{11}^0 = \overline{Q}_{22}^{90} = Q_{11}$ 及 $\overline{Q}_{22}^0 = \overline{Q}_{11}^{90} = Q_{22}$,则每一组反对称铺层为

$$B_{11} = (-\overline{Q}_{11}^0 + \overline{Q}_{11}^{90})zt = (-Q_{11} + Q_{22})zt$$
$$B_{22} = (-\overline{Q}_{22}^0 + \overline{Q}_{22}^{90})zt = (-Q_{22} + Q_{11})zt$$
$$B_{22} = -B_{11}$$

于是,不对称正交层合板的本构方程为

$$\begin{Bmatrix} N_x \\ N_y \\ N_{xy} \\ \hline M_x \\ M_y \\ M_{xy} \end{Bmatrix} = \begin{bmatrix} A_{11} & A_{12} & 0 & \vdots & B_{11} & 0 & 0 \\ A_{12} & A_{22} & 0 & \vdots & 0 & -B_{11} & 0 \\ 0 & 0 & A_{66} & \vdots & 0 & 0 & 0 \\ \hline B_{11} & 0 & 0 & \vdots & D_{11} & D_{12} & 0 \\ 0 & -B_{11} & 0 & \vdots & D_{12} & D_{22} & 0 \\ 0 & 0 & 0 & \vdots & 0 & 0 & D_{66} \end{bmatrix} \begin{Bmatrix} \varepsilon_x^0 \\ \varepsilon_y^0 \\ \gamma_{xy}^0 \\ \hline k_x \\ k_y \\ k_{xy} \end{Bmatrix} \qquad (4-22)$$

(11)准各向同性层合板(quasi-isotropic laminates)。

准各向同性层合板在铺层面内具有各向同性的特性。所有的铺层具有相同的 $[Q]$ 和厚度。对于 n 个铺层的层合板,仅允许 $180°/n$ 铺层角。于是,3 层的准各向同性层合板,铺层必须是 $[0/60/-60]$。铺层的顺序并不重要,因此也可以由多个铺层构成准各向同性层合板,如 $[0/60/-60/0/60/-60]$。

复合材料结构采用最多的准各向同性层合板是 $n=4$,4 个铺层的几何角度为 $0°$ 、 $+45°$ 、 $-45°$ 和 $90°$ 。这些铺层按不对称排列,如 $[0/+45/90/-45]$,则本构方程为

$$
\begin{Bmatrix} N_x \\ N_y \\ N_{xy} \\ \hdashline M_x \\ M_y \\ M_{xy} \end{Bmatrix} = \begin{bmatrix} A_{11} & A_{12} & 0 & B_{11} & 0 & B_{16} \\ A_{12} & A_{22} & 0 & 0 & -B_{11} & B_{16} \\ 0 & 0 & 0.5(A_{11}-A_{12}) & B_{16} & B_{16} & 0 \\ \hdashline B_{11} & 0 & B_{16} & D_{11} & D_{12} & 0 \\ 0 & -B_{11} & B_{16} & D_{12} & D_{22} & 0 \\ B_{16} & B_{16} & 0 & 0 & 0 & D_{66} \end{bmatrix} \begin{Bmatrix} \varepsilon_x^0 \\ \varepsilon_y^0 \\ \gamma_{xy}^0 \\ \hdashline k_x \\ k_y \\ k_{xy} \end{Bmatrix} \quad (4-23)
$$

面内各向同性 $A_{22}=A_{11}$, $A_{66}=1/2(A_{11}-A_{12})$, $B_{26}=B_{16}$ 及 $D_{26}=D_{16}$ 。

如将 $[0/+45/90/-45]$ 层合板的铺层重新排列,使得 $+45/-45$ 相邻,即 $[0/+45/-45/90]$,就构成反对称斜交层合板和不对称的正交层合板。两个内铺层构成反对称层合板,而两个外铺层构成不对称的正交层合板。两类层合板的本构方程为

$$
\begin{Bmatrix} N_x \\ N_y \\ N_{xy} \\ \hdashline M_x \\ M_y \\ M_{xy} \end{Bmatrix} = \begin{bmatrix} A_{11} & A_{12} & 0 & B_{11} & 0 & B_{16} \\ A_{12} & A_{22} & 0 & 0 & -B_{11} & B_{16} \\ 0 & 0 & 0.5(A_{11}-A_{12}) & B_{16} & B_{16} & 0 \\ \hdashline B_{11} & 0 & B_{16} & D_{11} & D_{12} & 0 \\ 0 & -B_{11} & B_{16} & D_{12} & D_{22} & 0 \\ B_{16} & B_{16} & 0 & 0 & 0 & D_{66} \end{bmatrix} \begin{Bmatrix} \varepsilon_x^0 \\ \varepsilon_y^0 \\ \gamma_{xy}^0 \\ \hdashline k_x \\ k_y \\ k_{xy} \end{Bmatrix} \quad (4-24)
$$

采用上述铺层的偶数组,使得准各向同性具有对称性,即 $[0/+45/-45/90]_s$,本构方程为

$$
\begin{Bmatrix} N_x \\ N_y \\ N_{xy} \\ \hdashline M_x \\ M_y \\ M_{xy} \end{Bmatrix} = \begin{bmatrix} A_{11} & A_{12} & 0 & 0 & 0 & 0 \\ A_{12} & A_{22} & 0 & 0 & 0 & 0 \\ 0 & 0 & 0.5(A_{11}-A_{12}) & 0 & 0 & 0 \\ \hdashline 0 & 0 & 0 & D_{11} & D_{12} & D_{16} \\ 0 & 0 & 0 & D_{12} & D_{22} & D_{26} \\ 0 & 0 & 0 & D_{16} & D_{26} & D_{66} \end{bmatrix} \begin{Bmatrix} \varepsilon_x^0 \\ \varepsilon_y^0 \\ \gamma_{xy}^0 \\ \hdashline k_x \\ k_y \\ k_{xy} \end{Bmatrix} \quad (4-25)
$$

如果将 8 个铺层按 $[0/+45/-45/90/90/+45/-45/0]$ 的顺序排列,则 ±45 铺层处于真正的反对称位置,0/90 铺层是对称的,则本构方程为

$$\begin{Bmatrix} N_x \\ N_y \\ N_{xy} \\ \hdashline M_x \\ M_y \\ M_{xy} \end{Bmatrix} = \begin{bmatrix} A_{11} & A_{12} & 0 & \vdots & 0 & 0 & B_{16} \\ A_{12} & A_{22} & 0 & \vdots & 0 & 0 & B_{16} \\ 0 & 0 & 0.5(A_{11}-A_{12}) & \vdots & B_{16} & B_{16} & 0 \\ \hdashline 0 & 0 & B_{16} & \vdots & D_{11} & D_{12} & 0 \\ 0 & 0 & B_{16} & \vdots & D_{12} & D_{22} & 0 \\ B_{16} & B_{16} & 0 & \vdots & 0 & 0 & D_{66} \end{bmatrix} \begin{Bmatrix} \varepsilon_x^0 \\ \varepsilon_y^0 \\ \gamma_{xy}^0 \\ \hdashline k_x \\ k_y \\ k_{xy} \end{Bmatrix} \qquad (4-26)$$

3. 层合板设计小结

采用各向层合板设计可以实现载荷和位移之间的交互作用或耦合影响。在层合板刚度矩阵中,刚度系数 A_{ij}、B_{ij} 和 D_{ij} 均是可设计的,即各方向的刚度和耦合刚度是可调参的。[A]矩阵的耦合项 A_{16}、A_{26} 为面内载荷/变形耦合;[D]矩阵的耦合项 D_{16}、D_{26} 为面外载荷/变形间耦合;而[B]矩阵为面内与面外载荷/变形耦合。

对于设计师来说,可通过选择层合板各单层铺向角、铺层比例和铺层顺序获得所需的层合板刚度特性,这充分体现了复合材料层合板的可设计性,恰似量体裁衣;层合板所特有的耦合现象正是飞机翼面结构气动弹性剪裁设计的基础。

4.1.6 层合板的强度准则

由于复合材料层合板的各向异性特性,人们提出了多种预测复合材料在各种条件下的强度值的强度准则,如最大应力准则、最大应变准则、蔡—希尔(Tsai-Hill)准则、霍夫曼(Hoffman)准则和蔡—吴(Tsai-Wu)准则等。由于这些强度准则仅限于有限的试验数据支持,还不能用来解释复合材料破坏过程中的复杂机理。

1. 最大应力(应变)准则

最大应力(应变)准则认为层合板单层的所有正轴应力(应变)不能超过材料极限强度(应变),否则单层发生破坏。最大应力准则的表达式为

$$\sigma_1 \leqslant X_t \quad |\sigma_1| \leqslant X_c$$
$$\sigma_2 \leqslant Y_t \quad |\sigma_2| \leqslant X_c$$
$$|\tau_{12}| \leqslant S \qquad (4-27)$$

最大应变准则的表达式为

$$\varepsilon_1 \leqslant \frac{X_t}{E_1} \quad |\varepsilon_1| \leqslant \frac{X_c}{E_1}$$

$$\varepsilon_2 \leqslant \frac{Y_t}{E_2} \quad |\varepsilon_2| \leqslant \frac{Y_c}{E_2}$$

$$|\nu_{12}| \leqslant \frac{S}{G} \qquad (4-28)$$

当其中一个不等式得不到满足时,单层便发生相应破坏。

在工程实际中,最大应变准则是最常用的准则。一般需要通过"积木式"试验的方式确定材料的设计许用值。目前,国内航空领域一般设计许用应变为 $3500\mu\varepsilon$。

2. 蔡—希尔(Tsai – Hill)准则

$$\left(\frac{\sigma_1}{X}\right)^2 - \frac{\sigma_1\sigma_2}{X^2} + \left(\frac{\sigma_2}{Y}\right)^2 + \left(\frac{\tau_{12}}{S}\right)^2 = 1 \qquad (4-29)$$

3. 霍夫曼(Hoffman)准则

$$\frac{\sigma_1^2}{X_tX_c} - \frac{\sigma_1\sigma_2}{X_tX_c} + \frac{\sigma_2^2}{Y_tY_c} + \frac{X_c - X_t}{X_cX_t}\sigma_1 + \frac{Y_c - Y_t}{Y_cY_t}\sigma_2 + \frac{\tau_{12}^2}{S^2} = 1 \qquad (4-30)$$

4. 蔡—吴(Tsai – Wu)准则

$$F_1\sigma_1 + F_2\sigma_2 + F_{11}\sigma_1^2 + F_{22}\sigma_2^2 + F_{66}\sigma_6^2 + 2F_{12}\sigma_1\sigma_2 = 1 \qquad (4-31)$$

式中:5 个强度参数定义分别为 $F_1 = \dfrac{1}{X_t} - \dfrac{1}{X_c}$,$F_{11} = \dfrac{1}{X_tX_c}$,$F_2 = \dfrac{1}{Y_t} - \dfrac{1}{Y_c}$,$F_{22} = \dfrac{1}{Y_tY_c}$,$F_{66} = \dfrac{1}{S^2}$;$F_{12}$ 由试验确定或由 $F_{12} = \sqrt{F_{11}F_{22}}/2$ 估算;X_t 和 X_c 分别为纵向拉伸和压缩强度;Y_t 和 Y_c 分别为横向压缩强度;S 为剪切强度。

对于实际的应力状态,若式(4-29)~式(4-31)左端各项之和正好等于1,表示材料处于开始破坏的临界状态;若小于1,表示材料处于安全状态;若大于1,表示材料已经破坏。

4.2 准则法在层合板优化设计中的应用

优化准则法是工程结构优化中最常用的一种方法。该方法最大的特点就是按照一定的工程设计准则,对工程中的设计变量进行迭代优化,快速达到最佳设计。这种方法简单易行,效率高,速度快,常用于工程结构的优化设计。本节针对层合板结构,重点介绍以下 2 种优化方法,并给出算例:

① 大型结构中层合板强度、刚度约束下的准则优化法。

② 基于模糊理论的水平迭代 – 准则法。

4.2.1 大型结构中层合板在强度、刚度约束下的准则优化及算例

本节以复合材料翼盒的蒙皮作为研究对象,在最大翼尖位移和强度约束下对机翼进行最小重量优化设计。铺层优化设计方法采用最大应变能准则调整各分层厚度,应用满应力设计和 Kuhn – Tucker 条件推导位移约束的迭代公式。采用 MSC. PATRAN 建立有限元分析模型,利用 MSC. NASTRAN 分析软件计算结构应力,编写出铺层优化程序,从而实现了借助 PATRAN 与 NASTRAN 的建模

与分析功能实现对复杂结构的分析计算,通过优化程序实现复合材料铺层的优化设计。

1. 强度、刚度约束下的层合板准则优化方法

1) 分层比例优化

根据最大应变能准则,结构储存的应变能越多,其结构效率就越高,材料利用就越充分。在给定各单元初始厚度的基础上,基于最大应变能准则优化各个分层的厚度。分层厚度优化的目标是在不改变单元厚度的条件下,通过调整各分层的厚度,使材料利用更加合理,单元应变能达到最大,即满足在不改变结构质量的情况下提高结构的强度和刚度特性。对于第 i 个单元,其应变能为

$$E^i = \sum_{j=1}^{m} \frac{1}{2} \boldsymbol{\sigma}_{ij}^{\mathrm{T}} \boldsymbol{\varepsilon}_{ij} t_{ij} A_i \qquad (4-32)$$

式中:m 为铺层数;$\boldsymbol{\sigma}_{ij}^{\mathrm{T}}$ 为第 i 个单元第 j 层的应力;$\boldsymbol{\varepsilon}_{ij}$ 为第 i 个单元第 j 层的应变;t_{ij} 为第 i 个单元第 j 铺层的厚度;A_i 为第 i 个单元的面积。

第 i 个单元第 j 层的应变能为

$$e^{ij} = \frac{1}{2} \boldsymbol{\sigma}_{ij}^{\mathrm{T}} \boldsymbol{\varepsilon}_{ij} t_{ij} A_i \qquad (4-33)$$

调整各分层厚度的迭代公式为

$$t_{ij} = \frac{e_{ij}}{E_i} T_i \qquad (4-34)$$

式中:T_i 为第 i 个单元的厚度。

2) 单元总厚度优化

在分层厚度优化的基础上,不改变各分层厚度的比例,根据强度和位移约束条件调整单元的总厚度。结构的数学模型为

$$\min W = \sum_{i=1}^{n} \rho_i A_i T_i \qquad (4-35)$$

式中:W 为结构重量;ρ_i 为材料密度;A_i 为层合板单元面积;n 为单元数。

设计变量为单元的厚度。

(1) 强度约束。采用 Tsai-Hill 强度准则,应用满应力设计,取各铺层中 Tsai-Hill 数最大值作为单元厚度的修正系数,迭代公式为

$$T_i^{(k+1)} = \left[\max(H_{ij})^{\eta} \right] T_i^{(k)} \quad i = 1,2,\cdots,n;\ j = 1,2,\cdots,m \qquad (4-36)$$

式中:η 为步长控制系数;k 为迭代次数。

(2) 位移约束。取约束函数

$$\text{s. t.}\quad g(T_i) = \delta_j - \delta_j^* \leq 0 \qquad (4-37)$$

式中:δ_j 为第 j 个约束真实位移;δ_j^* 为第 j 个约束允许位移。

将目标函数和约束函数构成拉格朗日函数为

$$L = \sum_{i=1}^{n} \rho_i A_i T_i + \sum_{j=1}^{p} \lambda_j (\delta_j - \delta_j^*) \qquad (4-38)$$

式中:p 为位移约束数;λ_j 为拉格朗日乘子。

只考虑临界位移 δ_p 时,式(4 - 38)变为

$$L = \sum_{i=1}^{n} \rho_i A_i T_i + \lambda(\delta_p - \delta_p^*) \qquad (4 - 39)$$

根据 Kuhn - Tucker 优化条件有

$$\rho_i A_i + \lambda \frac{\partial \delta_p}{\partial T_i} = 0 \qquad (4 - 40)$$

$$\delta_p - \delta_p^* = 0 \qquad (4 - 41)$$

设单位载荷列阵

$$\{S_j\} = \{0, 0, \cdots, 1, \cdots, 0\}^T \qquad (4 - 42)$$

式中除了第 j 个元素为 1 外,其余元素皆为 0。

节点位移列阵为

$$\{r\}^T = \{r_1, r_2, \cdots, r_m\}^T \qquad (4 - 43)$$

式中:m 为节点位移自由度数。

第 j 个节点位移自由度相对应的位移,可以写为

$$\delta_j = \{r\}^T \{S_j\} \qquad (4 - 44)$$

$$\{S_j\} = [K]\{d_j\} \qquad (4 - 45)$$

式中:$[K]$ 为结构刚度矩阵;$\{d_j\}$ 为单位载荷 $\{S_j\}$ 作用下的节点位移列阵。

由平衡方程

$$[K]\{r\} = \{P\} \qquad (4 - 46)$$

可知

$$\frac{\partial[K]}{\partial T_i}\{r\} + [K]\frac{\partial[r]}{\partial T_i} = 0 \qquad (4 - 47)$$

$$\frac{\partial[r]^T}{\partial T_i} = -\{r\}^T \frac{\partial[K]}{\partial T_i}[K]^{-1} \qquad (4 - 48)$$

由式(4 - 44)和式(4 - 45),得

$$\frac{\partial \delta_j}{\partial T_i} = -\{r\}^T \frac{\partial[K]}{\partial T_i}\{d_j\} \qquad (4 - 49)$$

当层合板承受弯曲载荷时,由公式

$$D_{ij} = \frac{2h^3}{3n^2} \sum_{k=1}^{n/2} \bar{\theta}_{ij}^{(k)}[k^3 - (k-1)^3] \quad i = 1, 2, 6; j = 1, 2, 6 \quad (4 - 50)$$

可知复合材料矩形薄板单元刚度矩阵与设计变量 T_i 成 3 次关系,则

$$\frac{\partial[K]}{\partial T_i} = \frac{3[K]_i^e}{T_i} \qquad (4 - 51)$$

式中:$[K]_i^e$ 为第 i 个单元刚度矩阵。

将式(4 - 51)代入式(4 - 49)中,得

70

$$\frac{\partial \delta_j}{\partial T_i} = -3\{r\}_i^{\mathrm{T}}[K]_i^e\{d_p\}_i / T_i \qquad (4-52)$$

只考虑临界位移时,将式(4-52)代入式(4-50)得

$$1 = \lambda \frac{3\{r\}_i^{\mathrm{T}}[K]_i^e\{d_p\}_i}{\rho_i A_i T_i} \qquad (4-53)$$

对式(4-53)求和,得

$$W - 3\lambda \sum_{i=1}^n r_i^{\mathrm{T}} K_i^e d_{pi} = 0$$

$$\lambda = \frac{W}{3\sum_{i=1}^n r_i^{\mathrm{T}} K_i^e d_{pi}} \qquad (4-54)$$

将式(4-54)代入式(4-53),则 Kuhn - Tucker 条件为

$$1 = \frac{W}{\sum_{i=1}^n r_i^{\mathrm{T}} K_i^e d_{pi}} \frac{r_i^{\mathrm{T}} K_i^e d_{pi}}{\rho_i A_i T} \qquad (4-55)$$

在大型结构中的复合材料层合板在承受弯曲载荷时,根据 Kuhn - Tucker 优化条件位移约束的单元厚度迭代式将会变为

$$T_i^{(k+i)} = \left[\frac{W}{\sum_{i=1}^n r_i^{\mathrm{T}} K_i^e d_{pi}} \frac{r_i^{\mathrm{T}} K_i^e d_{pi}}{\rho_i A_i T}\right]^\eta T_i^{(k)} \qquad (4-56)$$

式中: $\sum\limits_{i=1}^n r_i^{\mathrm{T}} K_i^e d_{pi}$ 为在当前载荷作用下结构中被优化单元所提供的位移; r_i^{T} 为第 i 单元在当前载荷下的节点位移; K_i^e 为单刚; d_{pi} 为第 i 单元在受单位载荷下的节点位移。

其中若 $r_i^{\mathrm{T}} K_i^e d_{pi} > 0$,则该单元为主动单元,按照式(4-56)计算;否则,该单元为被动单元,迭代因子取1。取步长控制因子 η 为 0.2~0.5。

根据面内刚度的计算式为

$$A_{ij} = \frac{h}{n}\sum_{k=1}^n \overline{Q}_{ij}^{(k)}[k - (k-1)] \qquad (4-57)$$

又因为,承受面内载荷的单元刚度矩阵与设计变量 T_i 成一次关系,则

$$\frac{\partial K}{\partial T_i} = \frac{K_i^e}{T_i} \qquad (4-58)$$

可以得到承受面内载荷的层合板单元厚度的迭代公式与式(4-56)相同。所以可知同时承受面内载荷和弯曲载荷的层合板在位移约束下的单元厚度迭代公式即为式(4-56)。

2. 优化流程

系统采用 PATRAN/NASTRAN 作为建模/分析工具,利用编写的接口程序对 NASTRAN 的输入文件(∗.bdf)和输出文件(∗.f06)进行读写操作。从 ∗.f06 中读出结构的状态数据,如应力、应变、位移、应变能和 Tsai – Hill 判据指数等,通过优化算法对其进行计算得到新的各单元各铺层的厚度,然后修改 ∗.bdf. 进行下一轮的分析优化。

优化流程如图 4 – 13 所示。

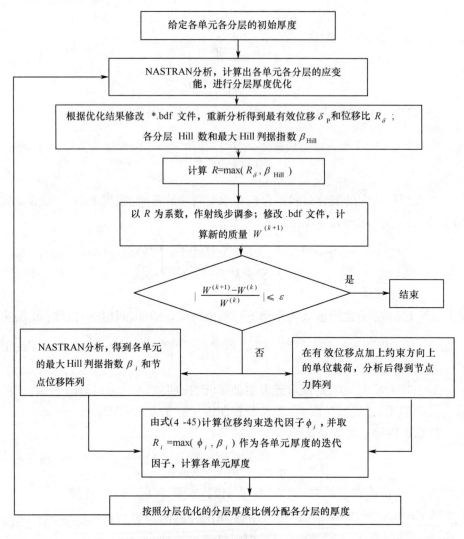

图 4 – 13　复合材料结构准则优化流程

3. 计算模型及优化结果

机翼有限元模型如图 4 – 14 所示,机翼翼展为 4000mm,翼根弦长为

72

1000mm,翼尖弦长为500mm。整个机翼有3根金属梁、3个金属肋和上下蒙皮构成。机翼蒙皮划分为16个块。每一区域由很多单元组成,要求同一区域的厚度和铺层比例相同。翼根固支。下翼面从翼根到翼尖依次为1~8块,上翼面从翼根到翼尖依次为9~16块。机翼层合板采用T300/QY8911,铺层为$[0/90/+45/-45]_s$,初始厚度为每单元8层,每层0.2mm。在蒙皮上加气动载荷,经过NASTRAN对结构的静强度分析可知,在现有铺层和载荷下,结构的最大位移为173.7mm。

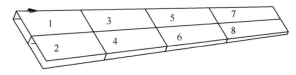

图4-14 机翼有限元模型

优化目标:蒙皮总质量最小。

约束条件:机翼翼尖最大位移不大于173.7mm;材料单层失效指数(Tsai-Hill 判据)不大于1。

设计变量:各层合板的分层厚度。

根据图4-13所示的优化流程,编写优化程序,经过7轮迭代计算得到最优结果。其中,第1、3、5、7块的厚度减少曲线如图4-15所示,表4-1列出了1、3、5、7单元由初始的准各向同性比例(各分层均为25%),经过分层比例优化后的结果。从计算结果可以看出,对复合材料机翼蒙皮结构,由于蒙皮承受展向的载荷要远大于弦向载荷,从而使优化结果中0°铺层比例增加,90°铺层比例减小。从优化结果可以看出,本节所述分层比例和单元厚度两级交替优化的方法具有效率高、收敛快等特点,适合大型复合材料结构的快速优化设计。

表4-1 翼盒优化结果

块 号	铺层角度				蒙皮厚度/mm
	0°铺层/%	90°铺层/%	+45°铺层/%	-45°铺层/%	
1	84.75	2.60	5.84	6.81	0.950
3	81.7	3.1	6.89	8.31	0.737
5	81.55	4.15	6.26	8.04	0.499
7	78.80	7.74	7.73	6.13	0.344

第7轮优化后,结构经过NASTRAN软件计算所得机翼最大位移满足允许位移,蒙皮质量减少约53.6%(该算例中金属梁较强,蒙皮较薄,仅仅从理论上说明优化算法的有效性,计算结果亦仅为理论值),即

$$\left| \frac{W^{(0)} - W^{(7)}}{W^{(0)}} \right| = 53.6\% \qquad (4-59)$$

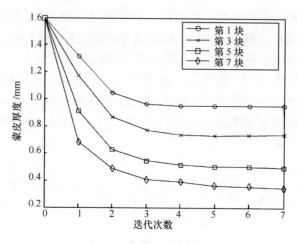

图 4 – 15　蒙皮厚度—迭代次数曲线

4.2.2　基于模糊理论的水平迭代—准则法

模糊是指边界不清楚,既在质上没有确切的含义,也在量上没有明确的界限。这种边界不清的模糊概念,不是人的主观认识达不到客观实际所造成的,而是事物的一种客观属性,是事物的差异之间存在着中间过渡过程的结果。在工程设计中约束和目标在其允许范围内都存在着某些不确定性因素。例如,复合材料的失效判据,并不是一旦超出材料就会破坏。实际上,一般物理量(应力、位移、频率等)的允许范围都是人们根据经验估定的,从绝对允许到绝对不允许之间的边界不应是确定性的"一刀切",而是逐渐过渡的模糊边界[3]。为使结构计算更加贴近工程实际,很多学者在结构分析中引入了模糊理论[4-6]。

因此,在进行结构优化设计时,考虑工程实际问题模糊性,将模糊理论有关知识用于优化问题的求解,可以使优化设计更加符合客观实际,从而得出真正最优的设计方案。

复合材料结构同样也不例外,但是由于复合材料的各向异性,其设计的复杂程度将会大大提高。在模糊优化模型中,复合材料结构的最突出特点就是设计变量多。为解决设计变量多带来的计算量大、收敛速度慢等问题,本节提出了水平迭代—准则法。最后以一个复合材料工字梁为例,以梁的最小重量和最大挠度为优化目标,以复合材料工字梁的各分层应力许可为约束条件并考虑载荷的不确定性,建立了复合材料结构的多目标模糊优化模型,使优化结果更贴近工程实际。

1. 复合材料梁模糊结构优化模型

模糊优化设计是指在优化设计中考虑种种模糊因素在模糊数学理论的基础上发展起来的[7]。其本质就是将工程实际中不能用确定性信息来表达的结构设计目标、设计约束的许可范围、结构在工作期间所受的载荷以及边界条件用模糊数表达出来,建立模糊优化模型,然后通过隶属函数将模糊优化问题转化为非模糊优化问题,这样就可以采用普通优化方法求解。

某复合材料工字翼梁(图4-16),全长 1000mm,翼梁根部腹板宽度为 100mm,翼梁梢部为 60mm;上下翼梁根部缘条的宽度 100mm,翼梁梢部为 60mm;0°方向为与梁的主轴方向相同,上下缘条和腹板的铺层方案均为[+45/0/-45/90]$_s$,单层板初始厚度均为0.5mm。材料为碳纤维环氧树脂复合材料,其弹性常数为:$E_{11} = 125.6\text{GPa}, E_{22} = 10.7\text{GPa}, G_{12} = 4.47\text{GPa}, \upsilon = 0.33$。

在梁的上缘条上加模拟气动力的椭圆形载荷 P,容差为 0.2P;强度判据采用蔡—希尔判据,容差为 0.2;设计变量的下限设定为 0.125mm,容差为 0.01mm。

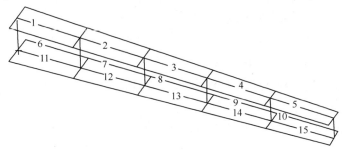

图4-16 翼梁有限元模型

由于翼梁的腹板和翼面所承受载荷形式不同,把这一翼梁结构分为 3 个大区域。为了提高计算的精度,每个大区域沿工字翼梁主轴方向又分为 5 个小区域。其结构模型和分区如图4-16所示。在进行有限元分析时,每个区域均采用壳元模拟。

考虑工字翼梁的重量 $W(X)$ 和在载荷 P 作用下的最大挠度 $\delta(X,P)$ 为极小化目标;约束条件为单层失效判据指数不大于1,单层厚度不小于0.125mm;设计变量为各区域层合板单层厚度 x_i,由于工字梁分 15 个区域,每块层合板的铺层情况为[+45/0/-45/90]$_s$,因此该优化问题中共有 $4 \times 15 = 60$ 个设计变量。

建立以下含有模糊参数的优化模型:

$$\text{Find } \boldsymbol{X} = [x_1, x_2, \cdots, x_{60}]$$
$$\min_{\sim} W(\boldsymbol{X}) : \delta_{\sim}(\boldsymbol{X}, P) \tag{4-60}$$

s. t. $\text{Hill}_i \leqslant 1 \quad i = 1, 2, \cdots, 60$
$\quad\quad x_i \underset{\sim}{\geqslant} 0.125 \quad i = 1, 2, \cdots, 60$

式中波浪号表示变量或运算中含有模糊信息。

将上述优化问题转化为最大最小法的结构模糊优化问题,优化模型为

find $\boldsymbol{X} = [x_1, x_2, \cdots, x_{15}, P, \lambda]$

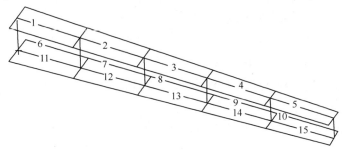

$$\max \lambda \qquad\qquad\qquad\qquad\qquad\qquad (4-61)$$

$$\text{s. t.} \quad \lambda \leqslant \mu_W(\boldsymbol{X})$$

$$\lambda \leqslant \mu_\delta(\boldsymbol{X})$$

$$\lambda \leqslant \mu_{\text{Hilli}}(\boldsymbol{X})$$

$$\lambda \leqslant \mu_{xi}(\boldsymbol{X})$$

$$\lambda \leqslant \mu_P(\boldsymbol{X})$$

$$\lambda \in [0,1]$$

式中:$\mu_p(\boldsymbol{X})$ 为模糊载荷的隶属函数,该载荷考虑为一个三角形的模糊数; $\mu_W(\boldsymbol{X})$ 和 $\mu_\delta(\boldsymbol{X})$ 为目标函数的隶属函数;$\mu_{\text{Hilli}}(\boldsymbol{X})$ 和 $\mu_{xi}(\boldsymbol{X})$ 为约束条件的隶属函数。

以上目标函数和约束条件的隶属函数,无论选取何种形式,都应该保证以下规则:以目标取小型的优化问题为例,对于目标函数来说,当目标函数值小于可能的最小值时,隶属度应为 1;当目标函数值大于可能的最大值时,隶属度应为 0;当目标函数值处于可能的最小值和最大值之间时,隶属度应介于 0 ~ 1 之间,而且在过渡区间,函数应该是单调递减的,每点的隶属度值表征了设计者对该目标值的满意度。对于约束条件来说,当约束得到严格满足时,隶属度应为 1;当约束完全不满足时,隶属度应为 0;当约束得到一定程度时的满足时,隶属度应介于 0 ~ 1 之间。

须注意的是,多目标优化问题的各目标函数 $f_i(\boldsymbol{x})$ 的最小值 $f_i^{\min}$ 受约束条件模糊性的影响,而其最大值 $f_i^{\max}$ 又受其余目标函数的极小点的影响。故在模糊约束和多目标的情况下,各目标函数 $f_i(\boldsymbol{x})$ 将在特定的区域变化,形成模糊目标极小集 F_i。构造目标函数的隶属函数的过程见文献[7]。

构造各隶属函数如图 4 – 17 所示。

2. 求解模糊优化模型的水平迭代 – 准则法

本问题的设计变量为 60 个,研究经验表明,采用随机搜索法或遗传算法等仿生算法都很难得到较理想的结果。同时,由于在上述最大最小法模型中引入了最大隶属度 λ 更是增加了问题的复杂性。因此,本节采用水平迭代—准则法进行上述最大最小法模型的优化工作。

水平迭代—准则法的本质是,通过对水平 λ 的迭代,最后得到所有的目标函数和约束条件均满足某个水平值的设计结果。

实施过程如下:首先设定一个最初水平 $\lambda = \lambda^i$(一般取 $\lambda^1 = 0.9, i = 1,2,3, \cdots$),然后建立以下的普通准则法优化模型。在该准则法模型中,对于模糊载荷 P,取其为满足 $\lambda^i \leqslant \mu_P(\boldsymbol{X})$ 的最小值,这样可以保证最后优化的结果重量最小。优化后的工字梁的强刚度约束和单层厚度下限约束均满足该水平 λ^i,然后最小重量 W' 与满足 $\lambda^i = \mu_W(\boldsymbol{X})$ 的重量 W^i 相比较,若 $|W' - W^i| \leqslant \varepsilon$,则 λ^i 就是最大水

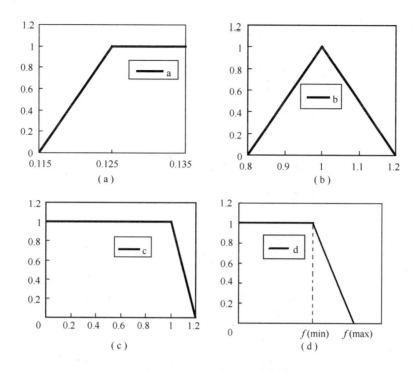

图 4 – 17　构造各隶属函数

（a）设计变量 x^i 的隶属函数；（b）模糊载荷的隶属函数；

（c）Hill 判据的隶属函数；（d）目标函数的隶属函数。

平；反之，令 $i = i + 1$，$\lambda^{i+1} = \lambda^i + \dfrac{W^i - W'}{W'}(1 - \lambda^i)$，进行下一轮准则法迭代。

$$\text{find } \boldsymbol{X} = [\,x_1, x_2, \cdots, x_{60}\,]$$

$$\min \ W(\boldsymbol{X}) \tag{4-62}$$

$$\text{s. t.} \ \ \lambda^i \leqslant \mu_\delta(\boldsymbol{X})$$

$$\lambda^i \leqslant \mu_{\text{Hill}j}(\boldsymbol{X})$$

$$\lambda^i \leqslant \mu_{xi}(\boldsymbol{X})$$

在上述水平迭代—准则优化过程中，准则优化是其中的主要部分之一，其主要原理和优化过程见图 4 – 18。

3. 优化结果及结论

经过 6 轮 λ 水平迭代，整个模糊优化模型收敛。$\lambda^6 = 0.8137$，所得梁的挠度为 43.3mm，质量为 4.3724kg，整个梁的复合材料铺层厚度如图 4 – 19 所示。

在常规复合材料结构优化中引入模糊载荷和模糊理论，能够更好地模拟在工程实际中多载荷工况、复杂边界条件等不确定因素，使优化的结果更加贴近工程实际，对于加快结构优化的工程化应用有重要意义。

大型复合材料结构优化的多设计变量必将导致优化问题的计算量激增、计

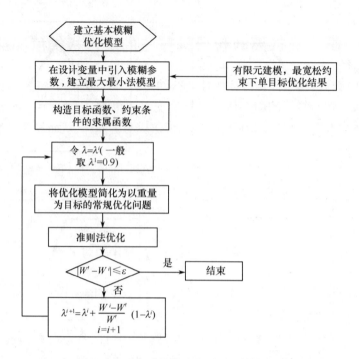

图 4-18 水平迭代—准则法总体流程

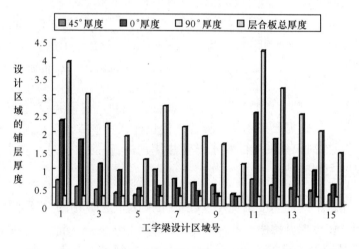

图 4-19 优化后各区域各铺层厚度和总厚度

算过程复杂和收敛速度慢等问题,再加上模糊参数和模糊理论的引入更是增加了问题的复杂程度,本节提出的水平迭代—准则法可以很好地将模糊优化问题转化为常规单目标优化问题利用有限元方法来解决,极大地减少了问题的复杂程度,加速了计算收敛过程,给复合材料模糊结构优化问题提供了一个较合理的解决思路。

4.3 基于交换离散粒子群算法的层合板铺层顺序优化

粒子群算法模型模仿群体的社会认知过程,试图对抽象概念如智能或学习进行建模。粒子群算法即个体通过社会交互不断修正自己关于搜索空间的知识。在社会交互过程中,所有个体倾向模仿成功的同伴,从而导致了社会规范的涌现和形成。

粒子群算法收敛速度较快,鲁棒性强,在实际应用过程中取得了良好的效果。与遗传算法(GA)通过种群个体之间的交叉、变异更新群体不同,PSO 算法的每个粒子利用自身的记忆和从整个群体中获得的知识更新自己的速度向量,进而更新各自的位置。在每一次的迭代中,粒子通过跟踪两个"极值"(Pbest,Gbest)来更新自己。在找到这两个最优值后,粒子通过下面的公式来更新自己的速度和位置。

$$\left.\begin{array}{l} V_k^i = w V_{k-1}^i + c_1 r_1 \left(\mathbf{Pbest}^i - X_{k-1}^i \right) + c_2 r_2 \left(\mathbf{Gbest}_{k-1}^g - X_{k-1}^i \right) \\ X_k^i = X_{k-1}^i + V_k^i \end{array}\right\} \quad (4-63)$$

式中:上标 i 表示粒子,下标 k 表示进化代数;V 为速度;X 为粒子位置;r_1 和 r_2 为在区间 $[0,1]$ 内的随机数;c_1 和 c_2 为加速因子;w 为惯性权重;$\mathbf{Pbest}^i$ 为第 i 个粒子到目前这一代的个体最优位置;$\mathbf{Gbest}_{k-1}^g$ 为所有粒子在第 $k-1$ 代的全体最优值。

粒子群算法可以广泛地应用到工程优化领域。具体到复合材料层合板优化设计问题,粒子的两个"极值"(Pbest,Gbest)是层合板优化的目标函数值,一般为层合板的重量、刚度或屈曲临界载荷等;粒子的位置是层合板的设计变量,即层合板的铺层厚度、角度或铺层顺序。对于铺层厚度、角度一般可以按照连续设计变量来处理,采用常规的粒子群算法就可以顺利地建模并完成优化设计。对于铺层顺序优化则需要采用离散算法来优化计算。本节以层合板的屈曲载荷为优化目标,重点对离散变量的粒子群算法优化进行描述,通过对算法的改进,使得优化效率大大提高。

4.3.1 层合板铺层顺序优化问题描述

在实际的复合材料层合板设计中,层合板各分层的厚度必须是单层材料厚度的整数倍,铺层角度常由 0°、±45°和 90°等标准角度组成。因此对复合材料层合板铺层顺序的优化,实际上属于离散变量的组合优化问题。对于这类优化问题采用常规优化方法很难解决,自从粒子群优化算法被提出后很快就受到人们的重视,随着研究的深入和算法的完善,粒子群的应用也主要由原来的连续问题,拓展到工程组合优化问题,离散粒子群算法被越来越多的研究者重视,其中TSP(Traveling Salesman Problem)经典组合问题更是研究的焦点[8,9]。

然而,层合板铺层顺序优化问题并不能完全等同于 TSP 问题,因为在 TSP

问题中任意交换两个城市的游历顺序就可能导致遍历所有城市的距离改变,而在层合板铺层顺序优化问题中交换同一铺层角度的铺层顺序则不会改变整个层合板的力学性能。这样,如果将层合板铺层顺序优化问题作为普通的组合优化问题来解决,就会在计算过程中产生很多不必要的结构重分析和时间浪费。针对这一特点,在本节所述离散变量粒子群优化算法中提出有效交换和无效交换两个概念。对于不同角度铺层之间的顺序交换称为有效交换,进行结构重分析;同一角度铺层之间的交换称为无效交换,不进行结构重分析。同时,为避免算法陷入"早熟",增强算法的全局搜索能力,引入了自逃逸思想和记忆库检查。

由于机翼蒙皮层合板在承受轴压或剪切时会发生屈曲甚至导致破坏,在其设计过程中应对其屈曲和承载能力进行分析计算。在设计中层合板的铺层角度一般限制在 $0°$、$90°$、$\pm45°$,本节算例以层合板的最大屈曲载荷为优化目标,以层合板的铺层顺序为设计变量进行了优化设计。优化设计中使用的层合板为对称均衡铺层,而且每种角度的铺层数目均已经固定,并且优化结果不允许出现同一角度 4 层或以上连续叠放在一起。本节取文献[10]中数值算例为研究对象,四边简支层合板的几何外形尺寸为 $a \times b$,所受轴压和剪切力如图 4-20 所示。

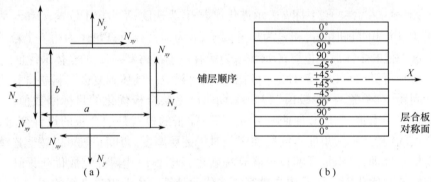

图 4-20　轴压和剪切力分析
(a)层合板外形和载荷;(b)层合板铺层顺序。

四边简支轴压屈曲载荷计算式[10] 为

$$\frac{\lambda_n^{(m,n)}}{\pi^2} = \frac{D_{11}(m/a)^4 + 2(D_{12}+2D_{66})(m/a)^2(n/b)^2 + D_{22}(n/b)^4}{(m/a)^2 N_x + (n/b^2) N_y} \quad (4-64)$$

在图 4-20 中,N_x、N_y 和 N_{xy} 为单位长度上所受轴向载荷和剪切载荷;b 为层合板宽度;a 为层合板长度;式中:m 为沿 X 方向的屈曲半波数;n 为沿 Y 方向屈曲半波数,计算时,n 可取 m,$n=1,2,3,\cdots$,计算一组相应的 $\lambda_n^{(m,n)}$,取其中最小的 $\lambda_n^{(m,n)}$ 即为板的轴压屈曲载荷因子。

有限长板剪切屈曲载荷因子的计算过程十分复杂而且计算代价很大,本节通过无限长板的剪切屈曲载荷因子的计算来估算[11]。剪切屈曲载荷因子通过以下各式计算出,即

$$\lambda_s = \begin{cases} \dfrac{4\beta\left(D_{11}D_{22}^3\right)^{1/4}}{b^2 N_{xy}} & 1 \leqslant \Gamma \leqslant \infty \\[3mm] \dfrac{4\beta_1 \sqrt{D_{22}\left(D_{12}+2D_{66}\right)}}{b^2 N_{xy}} & 0 \leqslant \Gamma \leqslant 1 \end{cases} \qquad (4-65)$$

Γ 通过式(4-66)计算,β_1 由表4-2给出。

$$\Gamma = \frac{\sqrt{D_{11}D_{22}}}{D_{12}+2D_{66}} \qquad (4-66)$$

表 4-2   剪切屈曲载荷计算系数 β_1[10]

Γ	0.0	0.2	0.5	1.0	2.0	3.0	5.0	10.0	20.0	40.0	∞
β_1	11.71	11.80	12.20	13.17	10.80	9.95	9.25	8.70	8.40	8.25	8.13

当层合板同时受轴向和剪切载荷时,其屈曲载荷因子为

$$\frac{1}{\lambda_c^{(m,n)}} = \frac{1}{\lambda_n^{(m,n)}} + \frac{1}{\lambda_s^2} \qquad (4-67)$$

通过上述各表达式,可以发现层合板的轴压屈曲载荷同层合板的弯曲刚度矩阵有着很大的关系。在铺层厚度和比例确定的情况下,铺层的顺序就是影响弯曲刚度和屈曲载荷的唯一因素。

4.3.2   问题转换及铺层顺序优化的离散粒子群算法

对于给定层合板厚度和铺层比例的对称均衡层合板,在给定载荷工况的情况下,以屈曲载荷最大作为目标函数,优化层合板的铺层顺序。为提高计算效率采用铺层组进行计算,即采用0°和90°每两层作为一个设计单位,±45°总是成对出现,本节如 $[0_2/90_2/\pm45/\pm45/\pm45/0_2/90_2/0_2/90_2]_s$。由于同一铺层方向的纤维不能连续铺放4层以上,所以在目标函数中引入一个临近惩罚因子,即

$$\Phi = \frac{\lambda}{p_{cont}^{N_{cont}}} \qquad (4-68)$$

由于 $\lambda_c^{(m,n)} \leqslant \lambda_n^{(m,n)}$,所以取 $\lambda = \min\left\{|\lambda_s|, \lambda_c^{(m,n)}\right\}$。

P_{cont} 为惩罚因子,设为1.05;N_{cont} 为同一方向铺层数超过4层的数目。由于采用铺层组处理,所以 ±45° 不会出现临近约束问题。因此优化模型可以表示为

目标函数:max $\qquad \Phi = \dfrac{\lambda}{p_{pcont}^{N_{cont}}}$

约束条件:层合板对称;均衡;同一方向铺层不超过4层。

在粒子群优化算法中,粒子的位置即是优化模型中的设计变量。本节中,层合板铺层顺序可以通过数字编码的方式更直观地表示出来。此外,使用数字编码还可以更好地应用于4.3.3小节描述的离散粒子群算法的运算法则。用一定长度的数字串表示一个对称的层合板的铺层结构,串中每个数字代表一个层组。

优化后的铺层经译码后就可以得到相应的真实铺层角度。例如，$[(0_2)_4/(90_2)_5/(\pm45)_3]_s$可以表示为

编码：1　2　3　4　5　6　7　8　9　10　11　12

译码：0_2　0_2　0_2　0_2　90_2　90_2　90_2　90_2　90_2　±45　±45　±45

4.3.3　交换离散粒子群优化算法

对于离散组合优化问题采用连续粒子群算法的公式更新粒子的速度和位置显然是不合适的。下面就对求解离散变量优化问题的粒子位置和速度的定义以及运算规律和粒子的运动方程进行描述。

1. 交换离散粒子群算法运算法则

1）粒子的位置

粒子的位置X_{i-1}^k用一个N维向量表示，其实际意义是层合板的铺层顺序（丛上至下）。X_{k-1}^i可以表示为

$$X_{k-1}^i = (x_{k-1,1}^i, x_{k-1,2}^i, \cdots x_{k-1,j}^i, \cdots x_{k-1,N}^i) \quad 1 \leqslant j \leqslant N, 1 \leqslant x_j \leqslant N \quad (4-69)$$

式中：N为层合板铺层数（对称层合板中N为半铺层数）；x_{k-1}^i，下标j为第j^{th}层的铺层角的整数编码。

2）粒子位置相减

粒子X_{k-1}^q减去X_{k-1}^q可以表示为

$$\Delta X = X_{k-1}^q - X_{k-1}^q = (x_{k-1,1}^p, x_{k-1,2}^p, \cdots, x_{k-1,j}^p, \cdots, x_{k-1,N}^p)$$
$$- (x_{k-1,1}^q, x_{k-1,2}^q, \cdots, x_{k-1,j}^q, \cdots, x_{k-1,j}^q) \quad (4-70)$$

ΔX的值可以通过式（4-71）逐个单元计算得到，即

$$\Delta x_j = x_{k-1,j}^p - x_{k-1,j}^q = \begin{cases} 0 & \text{若 } x_{k-1,j}^p = x_{k-1,j}^q \\ x_{k-1,j}^p & \text{其他} \end{cases} \quad (4-71)$$

$x_{k-1,j}^p$和$x_{k-1,j}^q$分别为X_{k-1}^p和X_{k-1}^q的单元。因此在粒子群算法的速度更新公式中$(\mathbf{Pbest}^i - X_{k-1}^i)$和$(\mathbf{Gbest}_{k-1}^g - X_{k-1}^i)$可以通过（4-71）计算。

3）粒子的速度

粒子速度的作用是改变粒子的位置，通过式（4-72）给出，即

$$V_{k-1} = (X_{k-1}^p - X_{k-1}^q)/\Delta t = \Delta X / \Delta t \quad (4-72)$$

速度的每个速度分量通过式（4-73）计算得到，即

$$v_{k-1,j} = (x_{k-1,j}^p - x_{k-1,j}^q)/\Delta t = \begin{cases} 0 & \text{若 } x_{k-1,j}^p = x_{k-1,j}^q \\ x_{k-1,j}^p & \text{其他} \end{cases} \quad (4-73)$$

这里Δt表示时间间隔。速度＝距离/时间，这里设定$\Delta t = 1$，其主要目的是为了表达物理意义。$v_{k-1,j}$是速度向量V_{k-1}的第j^{th}个单元分量。

4）速度的计算

速度乘以一个常数可以表示为

$$V'_{k-1} = C \cdot V_{k-1} \qquad C \in [0,1] \qquad\qquad (4-74)$$

这里 C 为常数(如式(4-63)中 c_1 或 c_2)。V'_{k-1} 是速度 V_{k-1} 乘以常数 C 的结果。对应于速度 V_{k-1} 的每个分量将产生一系列随机数 $\mathrm{rand1}(j)$($j = 1, \cdots, N$)。注意,这里的随机数 $\mathrm{rand1}(j)$ 应该在区间 $[0,1]$ 内,其作用就相当于式(4-63)中的 r_1 和 r_2。

V'_{k-1} 的每个分量值通过式(4-75)计算,即

$$v'_{k-1,j} = \begin{cases} v_{k-1,j} & \mathrm{rand1}(j) \geqslant C \\ 0 & \text{其他} \end{cases} \qquad (4-75)$$

两个速度之和表示为

$$V_k = V1_{k-1} + V2_{k-1} \qquad\qquad (4-76)$$

速度 V_k 的每个分量通过下式计算

$$v_{k,j} = \begin{cases} v1_{k-1,j} & \mathrm{rand2}(j) > 0.5 \\ v2_{k-1,j} & \text{其他} \end{cases} \qquad (4-77)$$

$V1_{k-1}$ 和 $V2_{k-1}$ 表示不同的两个速度向量。下标 j 表示速度的第 j^{th} 个分量。$\mathrm{rand2}(j)$($j = 1, \cdots, N$)是相对应于速度的每个分量产生的另一组随机数。设定 0.5 为该组随机数的分水岭,若 $\mathrm{rand2}(j) > 0.5$,则设定 $v_{k,j} = v1_{k-1,j}$,否则,设定 $v_{k,j} = v2_{k-1,j}$。通过上述运算规则的定义,速度 V_k^i 可以通过式(4-72)至式(4-77)计算。

5)粒子位置的更新

粒子位置通过式(4-78)进行更新,即

$$X_k^i = X_{k-1}^i + V_k^i \qquad\qquad (4-78)$$

在计算中首先按照速度分量的顺序考查速度分量的值。若 $v_{k,j}^i = 0$,则 $x_{k,j}^i = x_{k-1,j}^i$;否则,在 X_{k-1}^i 中寻找与 $v_{k,j}^i$ 相同的分量单元,假设第 l^{th} 个分量单元满足 $x_{k-1,l}^i = v_{k,j}^i$,然后交换第 l^{th} 个分量和第 j^{th} 个分量的位置来形成 X_k^i。随后,按照速度分量的顺序逐个进行计算得到最终的粒子位置。关于粒子 X_k^i 的位置更新过程通过下面的例子进行了更详细的描述。

设:

$X_{k-1}^i = [1/2/4/9/8/3/5/7/6]$;

$\mathbf{Gbest}_{k-1}^g = [4/3/6/9/8/5/2/7/1]$;

$\mathbf{Pbest}^i = [4/2/3/9/8/6/5/1/7]$;

$c_1 = 0.6$,$c_2 = 0.4$。

粒子群算法的主要运算过程如下:

$\mathbf{Pbest}^i - X_{k-1}^i = [4/0/3/0/0/6/0/1/7]$

$\mathbf{Gbest}_{k-1}^g - X_{k-1}^i = [4/3/6/0/0/5/2/0/1]$

$V_k^i = c_1(\mathbf{Pbest}^i - X_{k-1}^i) + c_2(\mathbf{Gbest}_{k-1}^g - X_{k-1}^i)$

$$= [4/0/0/0/0/0/0/1/7] + [0/3/6/0/0/0/2/0/1] = [4/0/6/0/0/0/2/1/1]$$

$$X_k^i = X_{k-1}^i + V_k^i = [1/2/4/9/8/3/5/7/6] + [4/0/6/0/0/0/2/1/1]$$

粒子位置的更新通过图4-21表达。

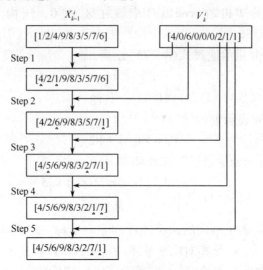

图4-21 粒子位置更新计算过程

图4-21中速度向量的第一个整数码 $V'_{k,1} = 4$ ，在 X_{k-1}^i 中寻找等于4的位置分量，发现第3个分量等于4，即 $X_{k-1,3}^i = V_{k,1}^i = 4$ ，因此交换第1个和第3个单元的位置（图4-22）。计算过程以此类推，直到完成整个计算过程。

2. 有效/无效交换

虽然层合板的铺层顺序优化和经典 TSP 问题同属于离散变量组合优化问题，但是它们也有明显的不同之处。层合板多采用0°、±45°、90°等标准铺层角度，这样就需要重复对这几种标准的角度进行铺设，而不是像 TSP 问题中只需要对所有城市进行遍历。因此如果采用4.3.2小节中编码方式和4.3.3小节中的计算方式则不可避免地要产生很多同一角度的铺层组之间的铺层顺序交换，而这类交换并不能对整个层合板的力学性能产生改变。因此将这类交换定义为无效交换；反之，称为有效交换。在优化过程中，只有有效交换才对结构进行重分析，无效交换就可以使用原层合板的结果，可以很大程度地提高计算的效率。

下面以一个24层准各向同性层合板为例，对其进行在铺层顺序的优化过程中的有效交换率进行计算。由于是对称铺层，仅需要对层合板的上半铺层进行排列。

$[0/0/0/+45/+45/+45/-45/-45/-45/90/90/90]$ 的排列组合为

$$C_{12}^3 \times C_4^1 \times C_9^3 \times C_3^1 \times C_6^3 \times C_2^1 \times C_3^3 \times C_1^1 = 8870400$$

$[1/2/3/4/5/6/7/8/9/10/11/12]$ 的排列组合为

$$P_{13}^{12} = 479001600$$

有效排列组合率为

$$8870400/479001600 = 1.85\%$$

从上述数据中可以看出,对于铺层顺序优化问题采用 TSP 问题的解决方式会产生大量的无效排列组合,无效交换产生无效排列组合,因此本节通过对交换的有效性进行判断,从而判断是否需要重新分析结构,节约了计算时间,提高了效率。

3. 记忆库检查策略和自逃逸思想

本章的粒子群算法中交换的有效性通过记忆库检查策略来判断。优化过程中产生的铺层顺序被储存在记忆库中,每一个新的整数码串产生时首先应将其转换成层合板实际的铺层顺序,然后查记忆库,若未在库中发现同样的铺层顺序,则该粒子为合格的粒子并把其加入到记忆库中;否则重新产生粒子,直到满足条件为止。整个过程如图 4 – 22 所示。

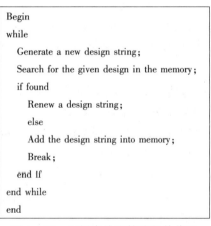

```
Begin
while
    Generate a new design string;
    Search for the given design in the memory;
    if found
        Renew a design string;
        else
        Add the design string into memory;
        Break;
    end If
end while
end
```

图 4 – 22 记忆库检查策略的伪代码

粒子群算法中,粒子会在运动中逐渐向一个局部搜索区域移动。本节描述的离散变量组合优化粒子群算法同样也不可避免在迭代中逐步向一个局部区域运动。这样就会陷入局部最优,形成"早熟"现象。解决早熟问题最直接和有效的方法就是设定一个物理量来表征整个粒子群的搜索区域的集中程度,若整个群体集中程度大于这个物理量,则采用重新初始化粒子群的方式来扩大搜索范围,最终达到全局最优。

本节定义粒子个体极值与粒子群体的全局极值之间的差的算术平均值为种群粒子离散系数 CI,采用粒子离散系数不大于一定值 $CI \leq \varepsilon$ 和种群在不大于该离散系数下迭代的代数 $iter = n$ 作为判断是否重新产生新粒子群的标志,即

如果

$$\mathrm{CI} = \frac{1}{\mathrm{Swarm} \times \mathrm{Dim}} \sum_{i=1}^{\mathrm{Swarm}} |\mathbf{Gbestk}_{k-1}^{g} - \mathbf{Pbest}^{i}| \leqslant \varepsilon \& \ \mathrm{iter} = n \qquad (4-79)$$

则

$$\mathrm{rand}(\mathrm{Swarm}, \mathrm{Dim})$$

式中:Swarm 为群体中粒子的个数;Dim 为粒子的维数。

由于 $\mathbf{Pbest}^{i}$ 和 $\mathbf{Gbest}_{k-1}^{g}$ 均为离散变量,所以采用一种新的计算方式,每一维相同的结果为 0,反之为 1。例如, $\mathbf{Pbest}^{i} = [0/0/0/+45/+45/-45/90]$,

$\mathbf{Gbest}_{k-1}^{g} = [0/90/0/+45/-45/+45/0]$

$|\mathbf{Gbest}_{k-1}^{g} - \mathbf{Pbest}^{i}| = |(0,1,0,0,1,1,1)| = 4$

$\mathrm{Gbest}_{k-1,j}^{g}$ 表示 $\mathbf{Gbest}_{k-1}^{g}$ 的第 j^{th} 个分量,Pbest_{j}^{i} 表示 $\mathbf{Pbest}^{i}$ 的第 j^{th} 个分量。若 $\mathrm{Gbest}_{k-1,j}^{g} = \mathrm{Pbest}_{j}^{i}$,则 $\mathbf{Gbest}_{k-1}^{g} - \mathbf{Pbest}^{i}$ 的第 j^{th} 个分量为 0;否则为 1。最后, $|\mathbf{Gbest}_{k-1}^{g} - \mathbf{Pbest}^{i}|$ 为 $\mathbf{Gbest}_{k-1}^{g} - \mathbf{Pbest}^{i}$ 所有分量之和。

4. 程序流程

(1) 采用上一级优化计算得到的层合板厚度和铺层比例,并将其离散化。

(2) 设定种群规模 Swarm,种群搜索空间的维数 Dim,式(4-79)中的粒子离散系数阈值 ε 和自逃逸迭代代数 n;根据各角度的铺层数,按 4.3.2 小节的编码方式,初始化粒子群;将当前进化代数置为 $t=1$。

(3) 对粒子译码,进行适应度计算,对所有粒子的适应度进行评价,确定粒子个体极值($\mathbf{Pbest}^{i}$)和全局极值($\mathbf{Gbest}_{k-1}^{g}$)。

(4) 按照 4.3.3 小节中计算方法和式(4-78)进行粒子位置的更新,形成新的种群。判断速度中的有效/无效交换,若为有效交换则进行结构重分析,评价每个粒子的适应度,更新 $\mathbf{Pbest}^{i}$ 和 $\mathbf{Gbest}_{k-1}^{g}$。

(5) 计算种群的集中系数 CI 和迭代代数 iter,若满足式(4-79),则产生新的种群,转至第(3)步;反之,继续下一步。

(6) 检查是否满足寻优结束条件,若满足则寻优结束;否则,置 $t=t+1$,转至第(3)步。结束条件为寻优达到最大代数或评价值小于给定精度。

4.3.4 算例结果及讨论

为验证算法的效率和收敛特性,对文献[10]中的算例进行了比较验证。$a = 24\mathrm{in}$,$b = 24\mathrm{in}$。层合板单层厚度为 0.005in。材料性能常数如表 4-3 所列,整个层合板的初始铺层参数和载荷如表 4-4 所列。

表 4-3 层合板的材料常数

横向弹性模量 E_{11}/psi	纵向弹性模量 E_{22}/psi	剪切模量 G_{12}/psi	泊松比 ν_{12}
18.5×10^{6}	1.89×10^{6}	0.96×10^{6}	0.3
注:1psi = 6894.76Pa			

86

表 4-4 层合板铺层参数和载荷

工况	载荷/(lb/in)			各角度铺层数			
	N_x	N_y	N_{xy}	n_0	n_{45}	n_{90}	n_{total}
1	-20000	-2000	1000	9	18	9	36
2	-15000	-2000	1000	8	17	8	33
3	-10000	-2000	1000	7	15	7	29
4	-5000	-2000	1000	6	12	6	24
5	0	-2000	1000	4	8	4	16
6	0	-16000	8000	8	16	8	32
7	15980	-14764	10160	9	8	13	30
8	-16657	1963	828	13	7	15	35

注:1lb/in = 6894.76Pa

关于粒子群算法的参数设置,文献[2]有明确的描述:"典型的粒子种群数目为 20~40,对于大多数问题种群规模为 10 时已经是足够的了。对于极少数比较困难的问题设置为 100~200 也是可以的"。本算例同参考文献[10]相互比较,将种群规模设定为 8。惯性权重因子 w 从 0.9~0.4 线性减少。设定 $c_1 = 0.4, c_2 = 0.6$,离散系数阈值 $\varepsilon = 0.2$,自逃逸进化代数 $n = 20$,PSO 进化总代数为 500。

本算例中对算法的效率采用一种特殊的衡量方法——算法可靠性。对每个工况进行 100 次优化计算,其中在指定的进化代数到达最优值范围内的优化计算次数记为算法对该优化问题在指定进化代数下的效率。例如,100 次优化计算,其中经过 500 次结构分析后,80 次运算的结果达到最优值 0.5% 的范围,则其效率为 500 次分析后达到 80% 的可靠性。采用 PDPSO 算法计算结果与文献[10]中结果对比如表 4-5 所列。

表 4-5 5 种优化算法的计算效率

工况	达到80% 可靠性的分析数				
	SGA	GR	PMX	SDPSO	PDPSO
1	10432	1184	1328	8764	2336
2	8600	856	1224	7780	1564
3	5216	776	1024	4532	1140
4	3304	608	824	2564	880
5	1672	408	560	1100	580
6	7984	1328	1480	5380	1524
7	23944	11840	5784	14800	4640
8	26320	2216	2504	22440	2716

注:SGA— Standard GA; PMX— Partially Mapped Crossover; GR— Gene Rank Crossover; SDPSO—Standard DPSO; PDPSO— Permutation DPSO。见参考文献[10]。

从表 4-5 中可以看出,PDPSO 的效率远远高于 SDPSO 和 SGA。GA 的两种改进型 PMX 和 GR 的效率在工况 1~6 和工况 8 中略高于 PDPSO,但在工况 7 中其效率要低于 PDPSO。从表 4-6 中考查工况 7 的最优化铺层与其他工况的最优化铺层情况,发现工况 7 中的最优化铺层的最外层为 90°,这与其他工况的最外层为 ±45°不同。优化结果的不同主要原因是优化时层合板所受载荷的不同引起的。为进一步研究该种载荷形式下算法的优化效率,本章又研究了 3 个同工况 7 类似载荷情况的优化工况,其载荷和层合板铺层参数见表 4-7,优化结果见表 4-8。

表 4-6 层合板优化结果

工况	λ	优化后铺层顺序
1	0.948	$[(\pm 45)_{17}/90_2/\pm 45/(90_2)_2/0_2/(90_2)_2/((0_2)_2/90_2)_4]_s$
2	0.948	$[(\pm 45)_{17}/90_2/0_2/90_2/(0_2)_2/(90_2)_2/0_2/90_2/(90_2/(0_2)_2)_2]_s$
3	0.909	$[(\pm 45)_{15}/((90_2)_2/0_2)_2/(0_2/90_2)_3/(0_2)_2]_s$
4	0.870	$[(\pm 45)_{12}/((90_2)_2/0_2)_2/(0_2/90_2/0_2)_2]_s$
5	0.778	$[(\pm 45)_8/((90_2)_2/(0_2/90_2)_2/(0_2)_2]_s$
6	0.773	$[(\pm 45)_{16}/((90_2)_2/0_2)_2/(90_2/(0_2)_2)_2/((90_2)_2/0_2)_2]_s$
7	1.112	$[(90_2)_2/0_2/(90_2)_2/\pm 45/90_2/\pm 45/90_2/0_2/(90_2)_2/(0_2)_2/(90_2/\pm 45)_2/\pm 45/0_2/90_2/0_2/(90_2)_2/0_2/(\pm 45)_2/(0_2)_2/\pm 45]_s$
8	1.093	$[(\pm 45)_6/90_2/0_2/(90_2)_2/\pm 45/0_2/90_2/(90_2/0_2)_3/(90_2)_2/(0_2/90_2/0_2)_2/90_2/(90_2/0_2)_3/0_2]_s$

表 4-7 3 个新工况的层合板铺层参数和载荷

	载荷/(lb/in)			各角度铺层数			
工况	N_x	N_y	N_{xy}	n_0	n_{45}	n_{90}	n_{total}
9	10657	−14850	10000	14	10	15	39
10	10657	−14850	10000	14	8	17	39
11	11274	−18960	8000	10	8	12	30

表 4-8 3 个新工况的优化效率和优化结果

工况	λ	达到 80% 可靠性的分析数	优化后铺层顺序
9	2.708	5480	$[(90_2)_2/0_2/90_2/\pm 45/(90_2)_2/\pm 45/((90_2)_2/(0_2)_2)_2/(\pm 45/(90_2)_2)_2/0_2/(\pm 45)_2/0_2/\pm 45/90_2/(\pm 45/(0_2)_2)_2/90_2/0_2/\pm 45/(0_2)_2]_s$
10	2.734	5964	$[90_2/\pm 45/((90_2)_2/0_2)_2/90_2/0_2/90_2/\pm 45/90_2/(\pm 45)_2/((90_2)_2/0_2)_2/0_2/(90_2)_2/0_2/90_2/0_2/(\pm 45/0_2/90_2/0_2)_2/0_2/(\pm 45)_2/0_2]_s$
11	0.919	4380	$[(90_2)_2/\pm 45/((90_2)_2/0_2)_2/(\pm 45/90_2/0_2/90_2)_2/90_2/0_2/\pm 45/0_2/(0_2/(\pm 45)_2)_2/(0_2)_2/90_2]_s$

表4-5至表4-8中数据说明,对于优化后外层不是±45°层的载荷工况,与 PDPSO 相对应 GA 的改进型确实具有良好的效率和稳定性。因此,可以说 PDPSO 适用于复杂载荷工况下的层合板铺层顺序优化计算。

本节以层合板最大屈曲载荷为目标,对铺层顺序进行了优化设计。对铺层顺序优化问题和经典 TSP 问题进行了比较分析,在离散变量粒子群算法中引入有效/无效交换,记忆库检查策略和自逃逸思想的概念。在铺层顺序的优化问题中存在大量的无效组合,因此提出有效/无效交换概念和记忆库检查策略可以大大提高计算的效率。改进后的粒子群算法在整个种群陷入到一个局部区域之后就会产生自逃逸,从而可以扩大粒子的搜索范围,提高找到全局最优的可能。

通过表4-5可以看出,本节所述优化算法效率在工况1~6和工况8 中略低于 GR 和 PMX 算法,但在工况7中效率明显优于 GR 和 PMX 算法。从表4-6中可以看出,工况1~6和工况8的最优铺层均以 ±45°在层合板外层铺设为主,而工况7正好相反。工况1~6和工况8中,临近约束仅仅会影响到相对不太重要的内层,而工况7中,临近约束会影响到对屈曲载荷作用较大的外层的0°和90°铺层,临近约束影响的铺层位置不同,GA 系列算法的计算效率也会有差异。文献[10]中提到,GR 算法处理这种问题效率不高。而本节所述 DPSO 算法处理这类约束问题具有稳定的、较高的效率。非常适用于复杂载荷下较厚层合板的铺层优化设计。

4.4 基于蚁群算法的层合板铺层角度优化设计

4.4.1 层合板铺层角度优化问题描述

考虑一个包含 $4N$ 层,长 a、宽 b 的四边简支复合材料层合板结构(图4-23,图4-24),在 x 和 y 方向上承受 λN_x 与 λN_y 的均布力,其中 λ 为载荷系数。该层合板考虑 $0°$、$\pm 45°$、$90°$为基本铺向角,为了满足对称均衡铺层约束,采用 0_2、± 45、90_2为基本铺层单元。

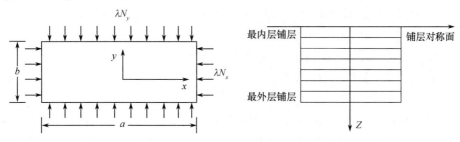

图4-23 层合板的几何尺寸与载荷   图4-24 半对称层合板结构

四边简支复合材料层合板结构的屈曲载荷因子 λ 为

$$\frac{\lambda_n^{(m,n)}}{\pi^2} = \frac{D_{11}(m/a)^4 + 2(D_{12}+2D_{66})(m/a)^2(n/b)^2 + D_{22}(n/b)^4}{(m/a)^2 N_x + (n/b)^2 N_y}$$

$$(4-80)$$

式中，D_{ij} 为弯曲刚度矩阵。

考虑到层合板的对称均衡性，弯曲—扭转耦合效应很小，所以 D_{16}、D_{26} 项可以忽略。对应于不同组合的 m、n 可以得到不同的屈曲载荷因子 λ，结构的临界屈曲载荷因子 λ_{cb} 定义为其中的最小值。

优化中的应变约束定义为所有应变分量小于材料的许可值。本例中由于对称铺层，剪切应变能为零。根据经典层合板理论，结构应变与载荷关系为

$$\lambda N_x = A_{11}\varepsilon_x + A_{12}\varepsilon_y,$$
$$\lambda N_y = A_{12}\varepsilon_x + A_{22}\varepsilon_y$$

$$(4-81)$$

相应地，对于第 i 层的应变分量为

$$\varepsilon_{1i} = \cos^2\theta_i \varepsilon_x + \sin^2\theta_i \varepsilon_y$$
$$\varepsilon_{2i} = \sin^2\theta_i \varepsilon_x + \cos^2\theta_i \varepsilon_y$$
$$\gamma_{12i} = \sin2\theta_i(\varepsilon_y - \varepsilon_x)$$

$$(4-82)$$

式中：A_{ij} 为层合板面内刚度矩阵系数；θ_i 为第 i 层层合板的铺向角。

本例中许可应变为 $\varepsilon_1^{ua} = 0.008$、$\varepsilon_2^{ua} = 0.029$ 和 $\gamma_{12}^{ua} = 0.015$，考虑一个安全系数 1.5，设计许可应变值为 $\varepsilon_1^{sa} = 0.0053$、$\varepsilon_2^{sa} = 0.0193$ 和 $\gamma_{12}^{sa} = 0.010$。结构的临界应变失效载荷因子定义为最大的载荷因子 λ。

优化设计的目标函数为结构临界失效载荷 λ_{cf}，定义为临界应变失效载荷因子与临界屈曲失效载荷因子的较小者。该优化问题可以表示为：对于一个四边简支，对称均衡的 48 层的层合板结构，在面内 x 和 y 方向承受 λN_x 和 λN_y 的均布压载荷，取 0_2、±45、90_2 为基本铺层单位，通过优化每个铺层单位的铺向角，来提高结构的临界失效载荷，同时满足最大连续相同铺向角层数约束，本例中定义为相同角度铺层连续层数不超过 4。

4.4.2 问题转换与铺向角优化的蚁群算法

为了使用蚁群算法求解上述问题，首先对以上问题进行编码。使用 1、2、3 分别代表 0_2、±45、90_2 3 个基本铺层单位，考虑到对称性，只取层合板的一半进行优化。这样一来，只需 12 位编码串就可以代表一种铺层方式，例如：

编码 $[2\ 2\ 2\ 2\ 1\ 2\ 1\ 1\ 3\ 1\ 1\ 2]_s$

解码 $[\pm45_4/0_2/\pm45/0_4/90_2/0_4/\pm45]_s$

对于给定铺层数目的层合板铺向角优化问题，可以将其转换为多层城市 TSP 组合优化问题，然后使用多层城市蚁群算法进行求解。在本例中，对于包含 48 层的对称均衡层合板的铺向角优化问题，其相应的多层城市 TSP 组合优化问题见图 4-25。

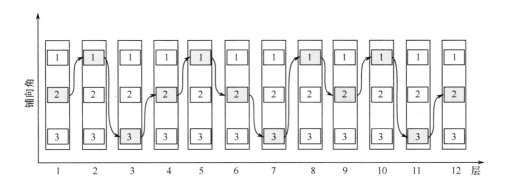

图 4-25　层合板铺向角优化问题的多层城市 TSP 模型

在图 4-25 中,每一列代表一个层合板,每一列的 3 个城市代表 3 种可能的铺向角,一条路线代表着一种铺层形式的层合板,如图 4-25 中红色路线可表示为 $[2\ 1\ 3\ 2\ 1\ 2\ 3\ 1\ 2\ 1\ 3\ 2]$,通过解码为 $[\pm45/0_2/90_2/\pm45/0_2/\pm45/90_2/0_2/\pm45/0_2/90_2/\pm45]$。

在本例中,铺层对称约束是通过选择一半铺层进行优化而满足的,铺层均衡约束是通过选择 0_2、±45、90_2 为基本铺层单位来实现的。至于铺层连续性约束,也就是相同角度的单层板连续铺层数目不超过 4,可以在蚁群算法中实现。具体实施过程为:在每个蚂蚁选择下一个城市之前,检查当前路线的最后两个城市,如果该两个城市已经是 0_2 或者 90_2,那么下一个访问的城市应避免重复该城市,以避免相同铺向角层合板连续层数超过 4。例如,当前蚂蚁路线为 $[3\ 2\ 2\ 2\ 1\ 1]$,表示铺层为 $[90_2/\pm45/\pm45/\pm45/0_2/0_2]$。在该铺层中,在最后 4 层已经包含连续 4 层 $0°$ 层合板,在下一个城市的选择中,应该从 ±45 和 90_2 中进行选择。这种处理最大连续约束的方法在保证了约束条件的同时减小了搜索空间,进一步提高了优化效率。

为了加快蚁群算法的收敛速度,引入了两点交换算子。该算子是一种局部搜索算子,能够在设计点周围较小范围内找到一个更优解,已被证明能大幅度提高遗传算法用于复合材料层合板优化问题的收敛速度。该算子的实施过程为:对于一条完整的蚂蚁路径,随机选择其中的两个城市,对其位置进行交换,从而得到一条新的路径。例如:

原始路径:1 2 3 2 2 2 <u>2</u> 3 3 2 3 3

新的路径:1 2 3 2 2 2 <u>3</u> 2 3 2 3 3

另外,两点交换算子可能破坏铺层连续性约束,这个问题可以通过重复进行两点交换算子来解决。使用第 3 章提出的多层城市蚁群算法,添加两点交换算子模块,解决本例的复合材料层合板铺向角优化设计问题,图 4-26 所示为优化流程。

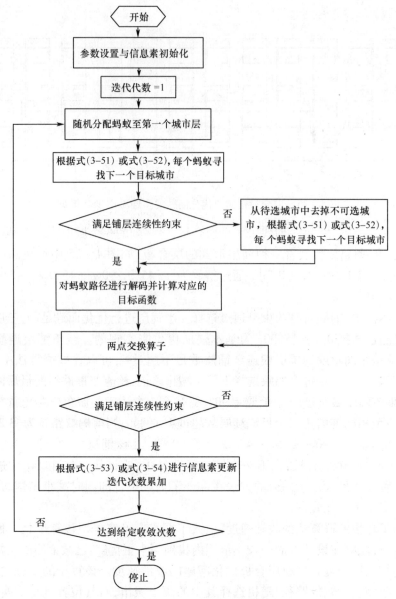

图 4 – 26　蚁群算法用于层合板铺向角优化设计流程

4.4.3　算例结果及讨论

　　对于 4.4.1 节所描述的问题,文献[12 – 14]有相关的描述。为了进行结果与效率对比,本节选取相同的算例为研究对象,分别使用基本的蚁群算法与包含两点交换算子的蚁群算法进行优化设计。在该算例中,层合板的几何尺寸为:长 $a = 508$ mm,宽 $b = 127$ mm,包含 48 层层合板,每层厚度为 0. 127mm。复合材料性能参数见表 4 - 9。

表 4 - 9　材料性能参数

横向弹性模量 E_{11}/GPa	纵向弹性模量 E_{22}/GPa	剪切模量 G_{12}/GPa	泊松比 ν_{12}	ε_1^u	ε_2^u	γ_{12}^u
127.59	13.03	6.41	0.31	0.008	0.029	0.015

边界条件为四边简支,共考虑以下 3 种载荷工况:

Load case 1: $N_x = 175\text{N/m}$; $N_y/N_x = 0.125$

Load case 2: $N_x = 175\text{N/m}$; $N_y/N_x = 0.25$

Load case 3: $N_x = 175\text{N/m}$; $N_y/N_x = 0.5$

本例优化的目标函数是最大失效载荷,考虑两种失效条件,即屈曲与强度。共有 12 个设计变量,使用多层城市蚁群算法来求解。根据参考文献[15],蚁群算法的参数取值见表 4 - 10。

表 4 - 10　蚁群算法参数取值

参数	α	q_0	ξ	ε	ρ	τ_0
值	0.5	0.8	0.8	0.4	0.6	0.1

文献[13,14]给出了本例的全局最优解(表 4 - 11)。对于载荷工况 1、2、3,分别有 6、3、1 个不同的铺层形式对应于最优目标函数值。为了便于比较算法的效率与鲁棒性,需要定义几个不同的指标:①可行解:定义与全局最优解的误差在 0.1% 范围内的解为可行解;②可行解概率:达到可行解的次数占总求解次数的百分比;③可行解代价:可行解代价定义为目标函数计算总次数与可行解概率之比;④停止收敛代价:定义为在优化过程中,目标函数不再得到改进的目标函数计算次数。例如,对于目标函数达到某一特定值时,经过 N 代的计算,目标函数仍然没有任何改进,称 N 代里的目标函数计算次数为停止收敛代价。可行解概率表征了算法的鲁棒性,可行解代价表征了算法的效率。具体的定义情况详见文献[13,14]。

表 4 - 11　遗传算法[14]求出的部分最优解

工况	铺层参数	失效载荷	
		屈曲 λ_{cb}	应变 λ_{cf}
1	$[\pm45_5/0_4/\pm45/0_4/90_2/0_2]_s$	14659.58	13518.66
	$[\pm45_5/0_4/90_2/0_4/\pm45/0_2]_s$	14610.85	13518.66
	$[\pm45_2/90_2/\pm45/(\pm45/0_4)_2/\pm45/0_2]_s$	14421.31	13518.66
	$[\pm45_4/0_2/(\pm45/0_4)_2/0_4/90_2]_s$	14284.15	13518.66
	$[\pm45_4/0_2/\pm45/0_4/90_2/0_4/\pm45]_s$	14251.66	13518.66
	$[\pm45_2/90_2/0_2/\pm45_2/0_4/(\pm45/0_2)_2]_s$	13818.29	13518.66

工况	铺层参数	失效载荷	
		屈曲 λ_{cb}	应变 λ_{cf}
2	$[\pm45_2/90_2/\pm45_3/0_2/\pm45/0_4/\pm45/0_2]_s$	12743.45	12678.78
	$[\pm45_2/90_2/\pm45_4/(0_2/\pm45/0_2)_2]_s$	12725.26	12678.78
	$[90_2/\pm45_5/(0_2/\pm45/0_2)_2]_s$	12674.85	12678.78
3	$[90_2/\pm45_2/(90_2/\pm45)_2/\pm45_5]_s$	9998.20	10398.14

相关文献表明，停止收敛代价的选取对可行解代价与可行解概率影响很大。为了进行同等条件的对比，选择与参考文献相同的停止收敛代价。为了看出两点交换算子对蚁群算法的改进效果，分别使用没有两点交叉算子的蚁群算法（MCLACAWI）与包含两点交叉算子的蚁群算法（MCLACA）进行优化。表 4-12 给出了包含两点交叉算子的蚁群算法的优化结果。

表 4-12 包含两点交叉算子的蚁群算法的优化结果

工况	铺层顺序	载荷因子	
		屈曲 λ_{cb}	应变 λ_{cf}
1	$[\pm45_2/90_2/0_2/\pm45_2/0_4/(\pm45/0_2)_2]_s$	13818.29	13518.66
2	$[\pm45_2/90_2/\pm45_3/0_2/\pm45/0_4/\pm45/0_2]_s$	12743.45	12678.78
3	$[90_2/\pm45_2/(90_2/\pm45)_2/\pm45_5]_s$	9998.20	10398.14

从表 4-11 和表 4-12 可以看出，本书提出的蚁群算法能得到全局最优解。表 4-13 给出了不同停止收敛代价取值时的遗传算法（GA）、蚁群算法（ACA），多层城市蚁群算法（MCLACA）与不包含两点交换算子的蚁群算法（MCLACAWI）的可行解代价与可行解概率对比。

表 4-13 几种不同的算法的性能对比

工况	停止代数	方法	可行解代价	可行解概率
1	133	GA	350	0.84
		ACA	201	0.99
		MCLACAWI	301	0.52
		MCLACA	148	1
2	441	GA	1250	0.78
		ACA	758	0.92
		MCLACAWI	1179	0.53
		MCLACA	523	0.96

工况	停止代数	方法	可行解代价	可行解概率
3	266	GA	832	0.81
		ACA	686	0.71
		MCLACAWI	1316	0.36
		MCLACA	536	0.83
1	308	GA	530	0.99
		ACA	366	1
		MCLACAWI	294	0.85
		MCLACA	140	1
2	308	GA	1126	0.71
		ACA	631	0.84
		MCLACAWI	1675	0.34
		MCLACA	334	0.95
3	308	GA	963	0.77
		ACA	698	0.82
		MCLACAWI	1381	0.50
		MCLACA	598	0.85
⋮				
平均	308	GA	836	0.82
		ACA	489	0.89
		MCLACAWI	894	0.56
		MCLACA	345	0.93

从表 4 - 13 中可以看出,两点交换算子大大提高了蚁群算法的收敛效率和鲁棒性。

本节提出的带有两点交换算子的多层城市蚁群算法无论在收敛效率还是收敛稳定性方面都优于其他算法。

为了扩展 MCLACA 到一个更工程化的应用,使用 NASTRAN 对复合材料层合板结构进行结构分析,同时考虑不同的边界条件,将基本铺向角范围扩大至 $\{0_2, \pm30, \pm45, \pm60, 90_2\}$,基本载荷比为 $N_y/N_x = 0.8$。表 4 - 14 给出了不同载荷工况的最优铺层以及临界载荷。需要指出的是,F 代表边界自由,S 代表简支,C 代表固支。(S,F,F,S)、(S,F,S,S)、(S,S,S,S)、(C,S,S,S) 和 (C,S,S,C) 代表着 5 种不同的边界条件。

表 4-14　5 种不同载荷工况下的优化结果

边界条件	铺层的优化结果	临界载荷	
		屈曲 λ_{cb}	应变 λ_{cf}
(S,F,F,S)	$[(\pm45)_{12}]_s$	160.77	25760.07
(S,F,S,S)	$[\pm60/90_2/(\pm60)_3/(90_2)_2/\pm60/(\pm45)4]_s$	5798.86	18840.82
(S,S,S,S)	$[(\pm60/90_2)_2/(\pm60)_3/90_2/\pm45/(90_2)_2/\pm60]_s$	8098.80	13935.32
(C,S,S,S)	$[\pm60/(90_2)_2/(\pm60)_2/\pm45/(90_2)_2/\pm60/\pm45/\pm60/\pm45]_s$	15734.08	17134.26
(C,S,S,C)	$[\pm60/(90_2)_2/(\pm60)_3/(90_2/\pm45)_2/\pm45/90_2]_s$	15793.89	17045.30

从表 4-14 中可以看出,随着结构自由度的降低,临界屈曲载荷增加,同时临界强度下降。当 $N_y/N_x \geqslant 0.5$ 时,临界屈曲载荷小于临界强度载荷,是主要的结构失效模式。

4.5　基于蚁群算法的层合板铺层顺序优化设计

本节主要介绍将多层城市蚁群算法应用到复合材料层合板铺层顺序的优化方法,使用经典算例进行考核,在收敛效率、收敛鲁棒性与全局搜索能力等方面与目前的其他算法进行比较。

本节讨论的铺层顺序优化问题可以描述为考虑铺层对称、均衡约束,为了减小层间破坏,相同铺向角单层板连续层数不超过 4 层;通过调整铺层顺序,来达到层合板的屈曲载荷的最大化。为了满足对称约束,只需取一半层合板进行优化;取最小铺层单元为 0_2、±45、90_2,即可在优化设计中满足均衡约束。铺层连续性约束可以在蚁群算法中实现。本例优化问题模型为

$$\max: f(\boldsymbol{\alpha}) = f(\boldsymbol{\alpha}^*) \tag{4-83}$$

s. t. : $\boldsymbol{\alpha} \in \{A | \alpha_1, \alpha_2, \cdots, \alpha_N$ 组成的角度向量$\}$

式中: $f(\boldsymbol{\alpha})$ 为目标函数,设计变量为铺层角 $\alpha_1, \alpha_2, \cdots, \alpha_N$ 的排列次序; $\boldsymbol{\alpha}^*$ 为最优的一组铺层顺序向量。针对本节算例,目标函数为结构的最大失效载荷(考虑屈曲和强度),设计变量为各角度层的铺层顺序。

4.5.1　问题转换与铺层顺序优化的蚁群算法

先引入旅行商问题(TSP):设 $C = \{c_1, c_2, \cdots, c_n\}$ 为 n 个城市的集合,$L = \{l_{ij} | c_i, c_j \in C\}$ 是 C 中两两城市之间路径的集合,$G = (C,L)$ 是一个图,其目的就是从 G 中寻找路径长度最短的 Hamilton 圈,即找出对 $C = \{c_1, c_2, \cdots, c_n\}$ 中 n 个城市各访问一次的最短长度的一条封闭路径。而对复合材料层合板铺层顺序的优化问题,可视为解决关于各角度层排列次序的旅行商问题,只不过所求的是一条单向路线。其中,访问城市先后顺序相当于层合板各角度层的排列次序,路

径长度则相当于所要优化的目标函数值。

对于含有 2N 层的复合材料对称层合板铺层顺序的优化问题,由于每种角度对应的层数已知,优化过程即确定前 N 层的铺层顺序,故可以采用遗传算法中的整数编码策略,将层合板的初始铺层顺序表示为 1、2、…、N,并视之为 N 座"城市"。由于此编码对应的铺层角度是固定不变的,所以这样编码可以防止产生重复或遗漏铺层,优化后的编码串经解码后就可以得到相应的铺层顺序。例如,

编码:1 2 3 4 5 6 7 8 9 10 11 12

解码:0_2 90_2 90_2 90_2 90_2 ±45 ±45 ±45 0_2 0_2 0_2 0_2

需要说明的是,铺层顺序优化问题与铺层角优化问题的编码方式不同。对于铺层角优化问题,一个编码对应于一种铺向角,对于铺层顺序优化问题,有几个相同的编码对应于一个铺向角。原因是在铺层顺序优化时需要保持各角度的铺层比例。

通过以上转换,复合材料铺层顺序优化问题可以转换为多层城市旅行商问题。根据参考文献可知,层合板的稳定性受铺层顺序的影响很大。然而,板的几何尺寸、边界条件和载荷类型等因素对铺层顺序和稳定性之间的关系也有影响。因此,对于复合材料板的稳定性而言,不存在确定最佳铺层顺序的通用规则,只能针对特定的结构和载荷情况建立铺层顺序与稳定性之间的关系。考虑到这一点,针对一个载荷工况,可以对一个简单的算例进行计算,找出铺层顺序对稳定性的大致关系。并将得到这些知识植入到优化算法中,构成启发性优化算法,可以大大提高优化的效率。在蚁群算法中,城市 j 的选择概率为

$$
p_{ij} = \begin{cases} \dfrac{\lfloor \tau_{ij} \rfloor^{\alpha} \lfloor \eta_k \rfloor^{\beta}}{\sum\limits_{h \in \Omega} [\tau_{ih}]^{\alpha} [\eta_{ih}]^{\beta}} & \text{若 } j \in \Omega \\ 0 & \text{其他} \end{cases} \tag{4 - 84}
$$

其中,$\eta_k (k = \pm45, 90_2, 0_2)$ 是启发性因子,它是铺向角的函数。

4.5.2 算例结果及讨论

为了验证算法在复合材料铺层顺序优化问题中的有效性与收敛特性,取 4.3.4 小节中的经典算例作为考题对 MCLACA 进行考核。

对每个工况进行 100 次优化计算,将其中达到最优值一定范围内的优化计算次数定义为优化算法的可靠性。例如,100 次的优化计算,有 80 次的优化结果达到了最优值 0.5% 的范围,则优化算法的可靠性为 0.8。

为了得到式(4 - 84)中的不同铺向角的启发性因子,对于表 4 - 15 中的 5 种工况,分别采用一个 6 层(0_2, ±45, 90_2) 的简单层合板进行屈曲载荷的计算,通过比较屈曲载荷的大小得到铺层顺序对于每个工况的影响规律。表 4 - 15 给出了对应于 5 种工况的不同铺层顺序的屈曲载荷。

表 4－15　6 层层合板的屈曲载荷因子

工况	6 层层合板的屈曲载荷因子					
	$[0_2/\pm45/90_2]$	$[0_2/90_2/\pm45]$	$[\pm45/0_2/90_2]$	$[\pm45/90_2/0_2]$	$[90_2/\pm45/0_2]$	$[90_2/0_2/\pm45]$
1	5.0508e－5	6.7450e－5	1.1566e－4	1.6693e－4	1.4870e－4	1.2000e－4
2	5.1949e－5	7.0408e－5	1.2192e－4	1.8030e－4	1.6192e－4	1.2969e－4
3	5.3475e－5	7.3638e－5	1.2890e－4	1.9599e－4	1.7773e－4	1.4109e－4
4	5.5093e－5	7.7178e－5	1.3673e－4	2.1468e－4	1.9695e－4	1.5468e－4
5	5.6809e－5	8.1076e－5	1.4557e－4	2.3731e－4	2.2084e－4	1.7117e－4

从表 4－15 可以看出,对应于 5 种工况,铺层顺序$[\pm45\ 90_2\ 0_2]$能得到较好的屈曲特性。因此,对于启发性因子赋值为 $\pm45 = 1.5$、$90_2 = 1.0$、$0_2 = 0.5$。

与 4.3 节一样,取满足收敛概率大于 0.8 需要的结构分析次数为衡量标准,采用启发性蚁群算法对本文算例进行优化设计,结果见表 4－16。表 4－17 为不同工况的优化解。

表 4－16　不同优化方法的效率对比

工况	达到 80% 可靠性的分析次数				
	SGA	GR	PMX	SDPSO	ACA
1	10432	1184	1328	8764	1390
2	8600	856	1224	7780	1190
3	5216	776	1024	4532	504
4	3304	608	824	2564	432
5	1672	408	560	1100	120

表 4－17　不同工况下的蚁群算法优化解

工况	λ	优化结果
1	0.948	$[(\pm45)_{18}/((90_2)_2/0_2)_2/90_2/(0_2)_2/(90_2/0_2)_2/(0_2/90_2)_2/0_2]$
2	0.948	$[(\pm45)_{17}/(90_2)_2/(0_2/90_2)_6/(0_2)_2]$
3	0.909	$[(\pm45)_{15}/(90_2)_2/(0_2/90_2)_5/(0_2)_2]$
4	0.870	$[(\pm45)_{12}/0_2/(90_2)_2/(0_2/90_2)_3/90_2/(0_2)_2]$
5	0.776	$[(\pm45)_8/((90_2)_2/(0_2/90_2)_2/(0_2)_2]_s$

从表 4－16 可以看出,启发式蚁群算法的收敛效率优于基本遗传算法和基本的粒子群算法。

参 考 文 献

[1] 航空航天工业部科学技术研究院．复合材料设计手册[M]．北京:航空工业出版社,1990.

［2］李为吉,宋笔锋,孙侠生,等. 飞行器结构优化设计[M]. 北京:国防工业出版社,2005.

［3］王光远. 论不确定性结构力学的发展[J]. 力学进展,2002,32(2):205 – 211.

［4］Akpan U O, Koko T S, Orisamolu L R, et al. Fuzzy finite – element analysis of smart structures[J]. smart materials and structures,2001,10(2):273 – 284.

［5］Akpan U O, Koko T S, Orisamolu L R, et al. Practical fuzzy finite element analysis of structures[J]. finite element in analysis and design, 2001,38(2):93 – 111.

［6］Rao Singiresu S, Sawyer James P. Fuzzy finite element approach for the analysis of imprecisely defined systems[J]. AIAA Journal,1995,33(12):2364 – 2370.

［7］张秀利. 机械结构模糊优化方法及应用研究[D]. 哈尔滨:哈尔滨工业大学. 1999.

［8］Fourie P C., Groenwold A A. The particle swarm algorithm in topology optimization[C]. In: Proceedings of the fourth world congress of structural and multidisciplinary optimization, Dalian,2001, 52 – 63.

［9］Venter G, Sobieszczanski – Sobieski J. Multidisciplinary optimization of a transport aircraft wing using particle swarm optimization[J]. Struct. Multidiscipl, 2004, 26(1):121 – 31.

［10］Liu B, Haftka R T, Akgün M A, et al. Permutation genetic algorithm for stacking sequence design of composite laminates[J]. Comput. Methods Appl. Mech,2000, 186(2 – 4):357 – 372.

［11］Whitney J M. Structural Analysis of Laminated Anisotropic Plates[J]. Technomic Publishing Company, Lancaste,1985,119 – 122.

［12］Kathiravan R, Ganguli R. Strength design of composite beam using gradient and particle swarm optimization [J]. Compos, 2007,81(4):471 – 479.

［13］Aymerich F, Serra M. Optimization of laminate stacking sequence for maximum buckling load using the ant colony optimization(ACA) metaheuristic. Composites part A: Applied Science and Manufacturing,39(2): 262 – 272.

［14］Kogiso N, Watson L T, Guirdal Z, et al. Genetic algorithms with local improvement for composite laminate design[J]. Struct Optim,1994, 7:207 – 218.

［15］段海滨. 蚁群算法原理及应用[M]. 北京:科学出版社,2005.

第5章 复合材料加筋板优化设计

与复合材料层合板相比,复合材料加筋壁板在承载、抗屈曲方面有更高的效率,是一种提高结构效能的组合元件结构。加筋板以少量筋条为代价,使其折合弯曲刚度大幅度提高,其设计安排比较灵活,适应性强,制造工艺比夹层板简单,造价较低,产品容易检验,比较可靠,因此在航空航天工程和其他现代工业结构中得到了广泛的应用。在飞机设计中,薄壁类零件常见的失效模式就是由于结构失稳而引起的破坏,加筋板以少量的重量代价大幅提高蒙皮类零件的屈曲临界载荷,因此加筋板在飞机的机翼、机身上得以大量使用。近年来,由于复合材料在飞机设计中的广泛使用,复合材料加筋壁板的稳定性分析和提高其屈曲临界载荷的优化设计问题受到了越来越多的关注。

5.1 复合材料加筋壁板屈曲分析方法

一般来讲,结构稳定性问题的计算方法可分为4类:解析法、工程经验法、近似法、有限元法和有限条法[1]。

解析法是直接从平衡方程出发,选择满足边界条件的位移函数,得到关于屈曲应力的特征方程,求解特征方程的解析解,得出屈曲应力的精确解。但是,对于许多工程实际问题,要建立微分方程来求精确解是非常困难的,有时甚至是不可能的。因此工程上常用近似方法或半经验法,求得满足一定精度要求的近似解。

工程经验法是指工程设计人员通过大量系统的试验研究找出规律,总结出简便的设计曲线和经验公式,形成工程经验法。工程经验法结合试验中的数据,给出经验系数;我们常用的复合材料层合板在压缩、剪切、压剪复合作用下的计算公式基本上都是通过工程经验法得到的。但值得注意的是,这些方法都有特定的使用范围。有些经验公式中的系数选取需要设计者根据经验判断,甚至需要适当做些试验才能恰当使用。

近似法大都采用能精确满足几何边界条件的函数,通过静力法或能量法,来近似满足平衡微分方程。较具代表性的是有限差分法、瑞利—里兹法、伽辽金法和有限元法。

有限元(条)法是用有限元理论,对加筋壁板进行建模计算,得到结构的稳定性特征。

下面主要介绍常用的工程经验法、有限元法和有限条法。

5.1.1 工程经验法

加筋板在工程上屈曲或失效模式一般分为 4 种：

（1）筋条间蒙皮的局部屈曲或筋条局部屈曲。

（2）加筋板总体屈曲。

（3）加筋板压损破坏。

（4）介于（2）和（3）之间的破坏模式。

在工程校核中需要对加筋板的各种屈曲分别进行校核。对于飞机翼面上使用的加筋板大多为中等长度，屈曲的主要形式为第（1）类；对于较长的加筋板一般呈总体屈曲，即第（2）类；对于很短的加筋板受压缩载荷时一般为第（3）类破坏模式。屈曲模态的耦合没有简便的工程计算方法。一般应该将筋条设计得稍强于蒙皮，来确保筋条不首先发生局部屈曲。

1. 蒙皮的局部屈曲分析

相邻筋条间蒙皮按照矩形层合板的屈曲方法和公式进行局部屈曲分析。其两端和两边的边界条件一般按其支持翼肋和筋条的刚度大小，简化为固支或简支。其边界条件的设定没有严格的标准，需要根据工程经验和相关试验数据进行系数修正。一般对于开剖面的筋板或翼肋，其边界条件取简支（图 5 - 1）；对于闭剖面或实心的筋条或翼肋取固支（图 5 - 2）。

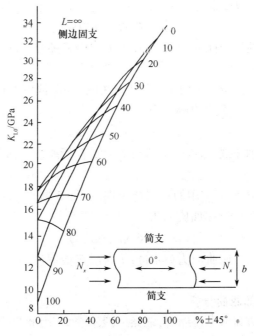

图 5 - 1 长边简支的长层压平板的轴压屈曲系数

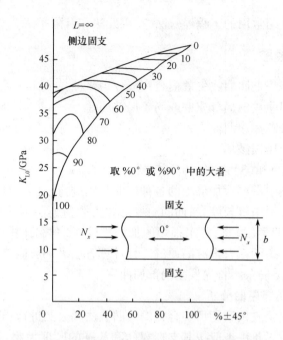

图 5 – 2 长边固支的长层压平板的轴压屈曲系数

对于工程中常用的仅有 $0°$、$±45°$、$90°$ 的对称层合板采用以下公式估算。

（1）受纵向轴压 N_x 作用的长层合板在图 5 – 1 中查屈曲载荷系数 K_{L0}，按式（5 – 1）估算屈曲应力，即

$$\sigma_{xcr} = 6.9k_{L0}(t/b)^2 \qquad (5-1)$$

式中：σ_{xcr} 为平均轴压屈曲应力（GPa）；t 为层合板厚度（mm）；b 为层合板宽度（mm）。

（2）受剪切载荷 N_{xy} 作用的长层合板在图 5 – 3 或图 5 – 4 中查屈曲载荷系数 k_{S0}，按式（5 – 2）估算屈曲应力为

$$\tau_{xycr} = 6.9k_{S0}(t/b)^2 \qquad (5-2)$$

式中：τ_{xycr} 为平均轴压屈曲应力（GPa）；t 为层合板厚度（mm）；b 为层合板宽度（mm）。

（3）受横向载荷 N_y 作用的长层合板在图 5 – 5 或图 5 – 6 中查屈曲载荷系数 k_{T0}，按式（5 – 3）估算屈曲应力为

$$\sigma_{ycr} = 6.9k_{T0}(t/b)^2 \qquad (5-3)$$

式中：σ_{ycr} 为平均轴压屈曲应力（GPa）；t 为层合板厚度（mm）；b 为层合板宽度（mm）。

2. 筋条的局部屈曲分析

加筋板受剪切和横向压缩时，筋条一般不受力，因此只需校核受轴压时的筋条局部屈曲。

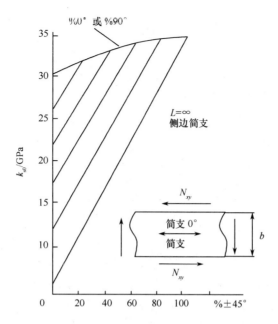

图 5-3　长边简支的长层压平板的剪切屈曲系数

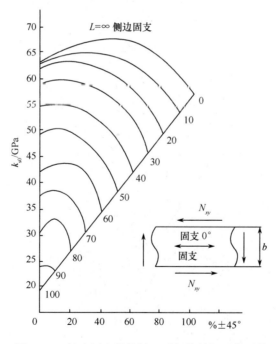

图 5-4　长边固支的长层压平板的剪切屈曲系数

1）开口薄壁筋条的突缘局部屈曲

一般按一长边自由,另一长边简支的长板处理,按式(5-4)计算其局部屈

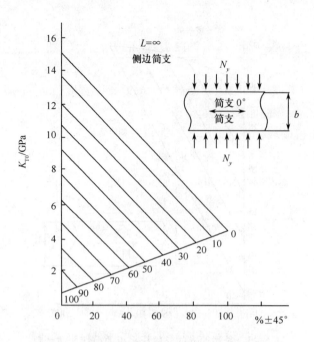

图 5-5　长边简支的长层压平板的横压屈曲系数

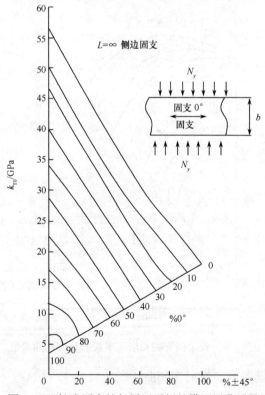

图 5-6　长边固支的长层压平板的横压屈曲系数

104

曲载荷,即

$$N_{xcr} = \frac{12 \, D_{66}}{b} + \frac{\pi^2 \, D_{11}}{L^2} \qquad (5-4)$$

式中:N_{xcr} 为单位宽度上的轴压屈曲载荷;b 为突缘宽度(mm);L 为筋条长度;D_{11} 和 D_{66} 为层合板弯曲刚度系数。

2)筋条腹板的局部屈曲

一般按照两长边简支的长板处理,按式(5-5)计算其局部屈曲载荷。

$$N_{xcr} = \frac{2\pi^2 D_{22}}{b}\left[\sqrt{\frac{D_{11}}{D_{22}}} + \frac{(D_{12} + 2D_{66})}{D_{22}}\right] \qquad (5-5)$$

式中:N_{xcr} 为单位宽度上的轴压屈曲载荷;b 为突缘宽度(mm);D_{11}、D_{12}、D_{22} 和 D_{66} 为层合板弯曲刚度系数。

5.1.2 有限元法

有限元法的基本思路是把一个结构离散化为有限个元素,通过有限个节点连接的等效集合体,组成该集合体的各元素的弹性特性,能通过结点的有限个参数用矩阵形式表示出来,当它们根据力学的基本定理按一定的规律组合在一起时,反映了结构的真实受力状态,求解等效集合体的特征方程,从而可得到结构的解,这种方法称为有限元法。它是在经典力学原理基础上,以计算机为工具,简便而有效地对复杂工程结构问题进行数值分析的方法。

1. 适用范围

有限元法可适用以下范围的结构稳定性分析.

(1)外形复杂、载荷情况复杂和边界支持条件复杂的结构总体和局部稳定性分析,如翼面结构和全高度蜂窝结构在压、剪、弯、扭组合载荷下的总体稳定性分析。

(2)边界支持条件难以模拟且其影响较大的结构稳定性分析。

(3)对于复合材料结构,由于其各向异性所带来的刚度参数非常复杂,只有简单的情况才有解析解和工程计算方法,因此,常常需要采用有限元法进行稳定性分析。

(4)对于温/湿环境影响、冲击损伤所引起的分层屈曲、后屈曲等较复杂的稳定性问题,也只有采用有限元法才能进行分析。

有限元法在结构设计中有很广泛的应用,很多商业软件也集成了该类分析模块,为解决各种复杂工程结构,提供了一个强有力的工具,其中典型的有 MSC. Nastran、ANSYS 等。MSC. Nastran 软件已经作为行业界的标准被广泛认可。

2. Nastran 稳定性分析过程

Nastran 中稳定性分析分为两个不同的阶段,第一阶段中,将在结构上施加一组外载荷,然后计算相应的内力。在第二阶段中,应用第一阶段得到的内力计算微分刚度矩阵,然后进行稳定性分析[2]。

线性静力分析:在线性静力分析中,屈曲分析的第一个子工况为求解下列线性方程组的线性静力分析。

$$[K_0]\{u\} = \{P^*\} \tag{5-6}$$

式中:$\{P^*\}$ 为参考状态的静载荷。

参考状态的解为

$$\{u^*\} = [K_0]^{-1}\{P^*\} \tag{5-7}$$

利用参考状态的位移,能够确定参考状态的应力、应变和应变梯度。

屈曲分析:在线性屈曲问题中,将寻求满足下列方程的参数 λ,即

$$([K_0 + \lambda[K_G]])\{u\} = \{0\} \tag{5-8}$$

式中:$[K_G]$ 为几何刚度矩阵,对于初始稳定状态有

$$[K_G] = [K_\sigma] \tag{5-9}$$

由屈曲求解序列 SOL105 解出方程式(5-8)的参数 λ 以后,将参考载荷乘以屈曲载荷因子 λ,即可得到屈曲载荷。

3. 典型加筋板有限元模型边界处理

图 5-7 为典型的刀形复合材料加筋板结构。板的长度为 a,宽度为 b,厚度为 h,复合材料单层厚度 t =0.125mm。筋条数目为 n,高度为 d_s,厚度为 t_s,两个筋条之间的间隔为 b_1。

加筋板有限元模型如图 5-8 所示。

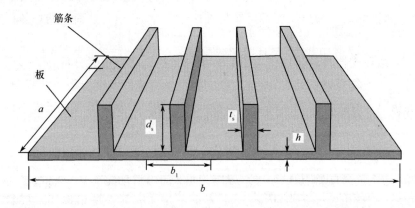

图 5-7 典型加筋板示意图

载荷分布:当计算加筋板轴压屈曲载荷时,因为蒙皮和筋条同时受均匀压缩,其工作载荷的分布受蒙皮和筋条的刚度影响。

106

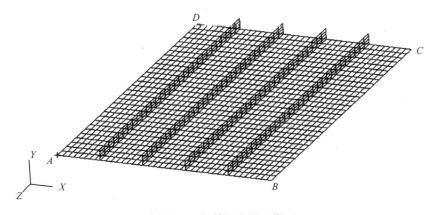

图 5 - 8 加筋板有限元模型

将加筋板简化为由一系列板元$(i = 1, \cdots, n)$组成的计算模型。蒙皮的 $i = 1$，筋条的 $i = 2, \cdots, n$。在端部轴压力 P 的作用下，由于均匀压缩，每个板元的纵向应变相同，且等于加筋板的纵向应变 ε，即

$$\varepsilon = \frac{P}{E_x F} = \frac{P_i}{E_{xi} F_i} \quad i = 1, 2, 3, \cdots, n \tag{5-10}$$

式中：P 为作用在加筋板上的轴压力；P_i 为作用在第 i 个板元上的轴压力；E_x 为加筋板的等效 X 轴向拉伸/压缩弹性模量；E_{xi} 为第 i 个板元的等效 X 轴向拉伸/压缩弹性模量；F 为加筋板的剖面面积，$F = \sum_{i=1}^{n} f_i = \sum_{i=1}^{n} t_i b_i$；$f_i$ 为第 i 个板元的剖面面积，$f_i = t_i b_i$；t_i 为第 i 个板元的厚度；b_i 为第 i 个板元的宽度。

由式(5 - 10)得

$$P_i = \frac{E_{xi} f_i}{E_x F} P \quad i = 1, 2, 3, \cdots, n \tag{5-11}$$

因此，作用的加筋板蒙皮和筋条上的轴压力按照刚度分配。

当加筋板受剪切载荷时，其剪切载荷以节点力的形式加到边界上。

边界条件：

轴压：

板端部 CD：$u = v = w = \theta_y = \theta_z = 0$（简支）

CD 边上筋条端部：$u = v = w = \theta_x = \theta_z = 0$（简支）

AB 边端部：$u = v = \theta_y = \theta_z = 0$（$z$ 向可滑动简支）

AB 边上筋条端部：$u = v = \theta_x = \theta_z = 0$（$z$ 向可滑动简支）

AB 边端部以及筋条端部：$w_1 = w_2 = \cdots = w_n$（n 个节点上的 z 向位移相同，两端保持平面相对接近）

剪切：采取四边简支

边界：$v = 0$

点：点 A——$u = w = 0$；

点 B 和点 C——$w = 0$。

5.1.3 有限条法

有限条法[3-6]理论是在有限元法的基础上,针对工程中常见的许多具有规则几何形状和边界条件结构而提出的一种更为简明的结构分析方法。对于在一个方向上比较规则的连续体,可以按此方向剖分为有限条,沿此方向的位移采用连续的解析函数表达,而另一方向则按与有限单元法类似的思路处理。这样,该方法可以使三维问题降低到二维,二维问题降低到一维,从而大大节省了计算时间,在工程上有较大实用价值,特别是对于复合材料加筋板稳定性优化问题可以大大提高优化效率。图 5 - 9 所示为常见的 T 形加筋壁板结构的加筋条划分示意图。沿着筋方向的结构部分就用一个条来表示。

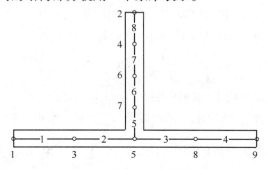

图 5 - 9 加筋板的有限条划分示意图

有限条法是一种用位移逼近的特殊形式有限单元法。不同的是,标准的有限单元法沿着各个方向都采用多项式的位移函数,而有限条法仅仅在某些方向采用多项式,沿着其他方向则使用光滑可微的级数,并且级数要满足条的端部边界条件。位移函数形式一般是多项式和级数的乘积。有限条法同样需要将连续体离散化,使所得到的最后公式中只包含有限个未知数,一般来说,使用有限条法求解可分为以下几个步骤：

（1）根据结构的几何形状,沿着结构的规则方向将结构划分成若干条,这些条的端部要构成连续体边界的一部分,为载荷施加或者固定点。

（2）条与条之间通过离散的结线相互联系,结线与条的纵向边界重合。每条结线上的自由度通常是与位移和位移对多项式的横向变量的一阶偏导数相关联。由于沿纵向采用了连续函数,条的结线的自由度一般小于有限元单元结点自由度。

（3）使用结线位移自由度表达的位移函数来构成位移场,同时也表征每个单元内的应变和应力场。

（4）在选择位移函数的基础上,由虚功原理或最小总势能原理得到刚度矩

108

阵和载荷矩阵,这些载荷矩阵与作用在条上的各种集中载荷或分布载荷相平衡。

(5)将各个条的刚度矩阵和载荷矩阵进行总刚度集成,得到的总刚度矩阵的带宽和阶数都比有限元法要小。

5.2 典型复合材料加筋板稳定性变参数分析

为了探讨加筋板的几何和参数对性能的影响,本节对典型刀形复合材料加筋板的一些参数进行加筋板稳定性的变参分析,并通过分析结果和失稳模态,形成初步的工程结论,为工程设计提供参考。材料性能参数见表 5-1

采用有限元法,研究图 5-7 所示的刀形复合材料加筋板,加筋板的材料、几何及铺层参数如下:

$a = 600\text{mm}$,$b = 400\text{mm}$;筋条数目 str_num $= 4$;

铺层情况:

筋条:$[+45°/0°/-45°/90°]_s$,8 层,单层厚度 $t = 0.5\text{mm}$,厚度为 $t_s = 4$,高度为 $d_s = 20$。

蒙皮:$[+45°/0°/-45°/90°]_s$,8 层,单层厚度 $t = 0.5\text{mm}$,厚度为 $h = 4$。

总体积:$V_0 = h \times b \times a + t_s \times d_s \times a \times \text{str\_num} = 5.76 \times 10^5$。

表 5-1 材料性能参数

横向弹性模量 E_{11}/MPa	纵向弹性模量 E_{22}/MPa	剪切模量 G_{12}/MPa	泊松比 v_{12}
125600	10700	4470	0.328

1. 筋条高度对屈曲载荷的影响

对不同高度筋条的加筋板进行研究。保证加筋板的板厚不变,总质量不变。即筋条的厚度随筋条高度的改变而改变,这样客观上也改变了筋条的高宽比。

对上述有限元模型分别进行轴压屈曲分析和剪切屈曲分析,结果见表 5-2。

表 5-2 不同筋条高度的稳定性分析结果

筋高/mm	轴压		剪切	
	屈曲载荷/(N/mm)	屈曲模态	屈曲载荷/(N/mm)	屈曲模态
10	167.85	总体	307.42	总体 1 波
12.5	203.64	总体	354.86	总体 1 波
15	263.4	总体	449.22	总体 1 波
17.5	295.3	总体	489.82	总体 1 波
20	351.4	总体	569.02	总体 1 波

筋高/mm	轴压		剪切	
	屈曲载荷/（N/mm）	屈曲模态	屈曲载荷/（N/mm）	屈曲模态
22.5	410.54	总体	640.1	总体1波
30	628.85	总体	806.44	总体2波
32.5	717.82	总体	915.62	总体2波
33	734.61	总体	929	总体2波
33.5	752.19	总体	943	总体2波
34	769.87	总体	957.24	总体2波
35	795.04	局部	986.06	总体2波
37.5	607.82	局部	1056.84	总体2波
40	472.29	局部	1128.22	总体2波

从表 5-2 可以看出,加筋板的轴压屈曲载荷随筋条高度的增加而增加,但是当筋条高度达到 35mm 时,其轴压屈曲载荷随筋条高度的增加转而减少。这是因为在筋条高度小于 35mm 时,整个加筋板的屈曲模态为总体失稳(图 5-10)。随筋条高度增加,筋条厚度的减少,加筋板筋条首先发生局部屈曲(图 5-11)。这种现象在工程上是危险的,因为筋条的首先屈曲会导致整个加筋板的承载能力大幅下降。

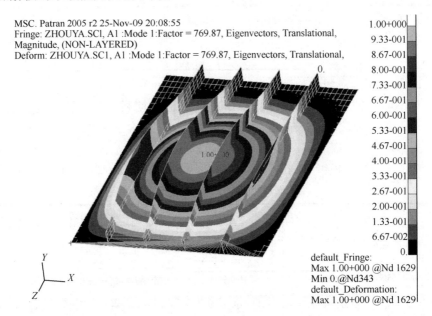

图 5-10 加筋板轴压总体屈曲模态

上述加筋板的剪切屈曲载荷随着筋条的增加而增加。因为筋条高度增加,

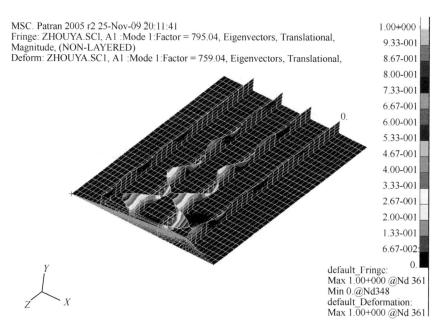

MSC. Patran 2005 r2 25-Nov-09 20:11:41
Fringe: ZHOUYA.SCl, A1 :Mode 1:Factor = 795.04, Eigenvectors, Translational,
Magnitude, (NON-LAYERED)
Deform: ZHOUYA.SC1, A1 :Mode 1:Factor = 759.04, Eigenvectors, Translational,

1.00+000
9.33-001
8.67-001
8.00-001
7.33-001
6.67-001
6.00-001
5.33-001
4.67-001
4.00-001
3.33-001
2.67-001
2.00-001
1.33-001
6.67-002
0.

default_Fringe:
Max 1.00+000 @Nd 361
Min 0.@Nd348
default_Deformation:
Max 1.00+000 @Nd 361

图 5-11 轴压筋条局部屈曲模态

使得加筋板的整体弯曲刚度增加,而在加筋板受剪切载荷时,筋条并不承载,因此使得加筋板的剪切屈曲载荷随筋条高度而增加。

2. 加筋板蒙皮厚度对屈曲载荷的影响

以 4 筋为例,筋高 20mm。筋条和底板的厚度变化见表 5-3。

表 5-3 不同蒙皮厚度的稳定性分析结果

	筋条厚度/mm	1.125	1	0.875	0.75	0.625	0.5	0.375	0.25
	蒙皮厚度/mm	0.25	0.3	0.35	0.4	0.45	0.5	0.55	0.6
轴压	屈曲载荷/(N/mm)	301.39	395.64	393.8	384.52	370.11	351.4	327.99	298.12
	屈曲模态	蒙皮局部屈曲	总体屈曲	总体屈曲	总体屈曲	总体屈曲	总体屈曲	总体屈曲	总体屈曲
剪切	屈曲载荷/(N/mm)	322.00	436.4	498.42	532.94	559.46	569.02	543.52	506.7
	屈曲模态	蒙皮局部屈曲	总体2波	总体2波	总体2波	总体2波	总体1波	总体2波	总体2波

从上述结果来看,当蒙皮厚度太小时,加筋板就会出现蒙皮局部失稳(图 5-12)。随着蒙皮厚度的增加,加筋板的失稳模态就变为总体失稳(图 5-13)。当加筋板的蒙皮厚度超过这个变化阈值后,随蒙皮厚度的增加,筋条的厚度会逐渐减少,即筋条的刚度减少量应该大于蒙皮刚度的增加量,这样导致加筋板整体的弯曲刚度下降,因此其轴压屈曲载荷会减少。

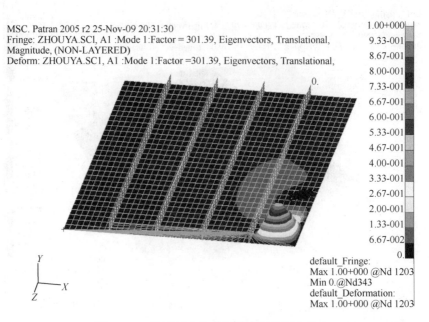

MSC. Patran 2005 r2 25-Nov-09 20:31:30
Fringe: ZHOUYA.SCl, A1 :Mode 1:Factor = 301.39, Eigenvectors, Translational, Magnitude, (NON-LAYERED)
Deform: ZHOUYA.SC1, A1 :Mode 1:Factor =301.39, Eigenvectors, Translational,

图 5 – 12　较薄蒙皮的轴压蒙皮局部屈曲模态

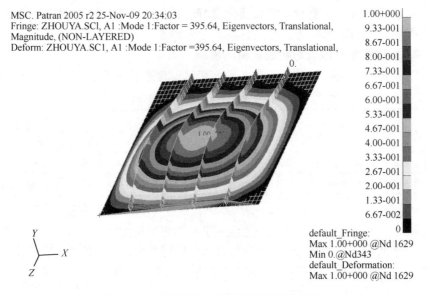

MSC. Patran 2005 r2 25-Nov-09 20:34:03
Fringe: ZHOUYA.SCl, A1 :Mode 1:Factor = 395.64, Eigenvectors, Translational, Magnitude, (NON-LAYERED)
Deform: ZHOUYA.SC1, A1 :Mode 1:Factor =395.64, Eigenvectors, Translational,

图 5 – 13　厚蒙皮蒙皮的轴压总体屈曲模态

　　同样,在剪切载荷作用下,蒙皮也会首先发生局部屈曲(图 5 – 14)。随着蒙皮厚度的增加,加筋板的失稳模态会变为两个半波的总体失稳,然后再变为一个半波的总体失稳。此后加筋板的屈曲载荷会随着蒙皮厚度的增加、筋条厚度的减少而减小。

112

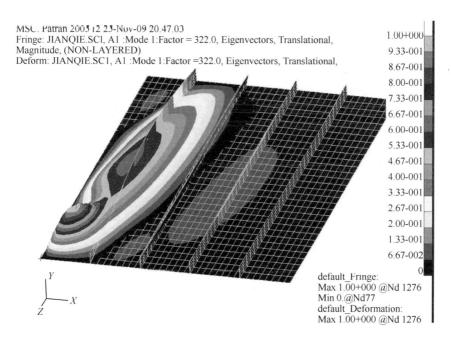

MSC. Patran 2005 r2 23-Nov-09 20.47.03
Fringe: JIANQIE.SCI, A1 :Mode 1:Factor = 322.0, Eigenvectors, Translational,
Magnitude, (NON-LAYERED)
Deform: JIANQIE.SC1, A1 :Mode 1:Factor = 322.0, Eigenvectors, Translational,

图 5 – 14　较薄蒙皮的剪切蒙皮局部屈曲模态

3. 筋条数目对加筋板屈曲载荷的影响

对蒙皮厚度为 4mm,筋条高宽比为 5,筋条根数分别为 4、5、6 的 3 个加筋板进行考查。得到其失稳载荷见表 5 – 4。

表 5 – 4　不同筋条数目的加筋板屈曲载荷

筋条数目	4 根	5 根	6 根
筋高/mm	20.00	17.89	16.33
筋厚/mm	4.00	3.578	3.27
轴压屈曲载荷/(N/mm)	351.40	248.89	209.95
剪切屈曲载荷/(N/mm)	569.02	494.05	– 474.20

从表 5 – 4 可看出,本算例中,随筋条个数的增多,无论是其轴压屈曲载荷还是剪切屈曲载荷均呈下降趋势。这是因为加筋板的蒙皮较强,不会出现蒙皮局部失稳的情况。同时随着筋条个数的增加,筋条的高宽比不变,必然导致筋条的高度和厚度均减少。这样筋条变弱,整个加筋板的弯曲刚度减少,导致加筋板整体的抗屈曲性能下降。

4. 铺层比例对加筋板屈曲载荷的影响

对蒙皮厚度为 4mm,筋条高度为 20mm,筋条厚度为 4mm,筋条数目为 4 的加筋板进行研究。通过单一增加或减少某一单层的厚度来观察加筋板的屈曲载荷的变化情况。在改变某一单层厚度的同时,其他单层的厚度均保持不变。

(1) 对筋条的单层厚度改变,得到的相应屈曲载荷数据见表 5 – 5 至

表 5 -8 所列。

表 5 -5　筋条 +45°层厚度变化的加筋板屈曲载荷

+45°厚度 /mm	-45°厚度 /mm	0°厚度 /mm	90°厚度 /mm	轴压屈曲载荷 /(N/mm)	剪切屈曲载荷 /(N/mm)
0.2	0.5	0.5	0.5	326.71	533.20
0.3	0.5	0.5	0.5	336.45	547.30
0.4	0.5	0.5	0.5	344.49	558.94
0.5	0.5	0.5	0.5	351.40	569.02
0.6	0.5	0.5	0.5	357.54	578.06
0.7	0.5	0.5	0.5	363.11	586.36
0.8	0.5	0.5	0.5	368.26	594.14

表 5 -6　筋条 -45°层厚度变化的加筋板屈曲载荷

+45°厚度 /mm	-45°厚度 /mm	0°厚度 /mm	90°厚度 /mm	轴压屈曲载荷 /(N/mm)	剪切屈曲载荷 /(N/mm)
0.5	0.2	0.5	0.5	328.88	532.16
0.5	0.3	0.5	0.5	337.62	546.24
0.5	0.4	0.5	0.5	344.96	558.26
0.5	0.5	0.5	0.5	351.40	569.02
0.5	0.6	0.5	0.5	357.23	579.02
0.5	0.7	0.5	0.5	362.62	588.52
0.5	0.8	0.5	0.5	367.71	597.74

表 5 -7　筋条 0°层厚度变化的加筋板屈曲载荷

+45°厚度 /mm	-45°厚度 /mm	0°厚度 /mm	90°厚度 /mm	轴压屈曲载荷 /(N/mm)	剪切屈曲载荷 /(N/mm)
0.5	0.5	0.2	0.5	267.99	440.14
0.5	0.5	0.3	0.5	297.28	486.66
0.5	0.5	0.4	0.5	325.01	529.66
0.5	0.5	0.5	0.5	351.40	569.02
0.5	0.5	0.6	0.5	376.62	604.64
0.5	0.5	0.7	0.5	400.79	636.80
0.5	0.5	0.8	0.5	424.03	666.14

表 5-8 筋条 90° 层厚度变化的加筋板屈曲载荷

+45°厚度 /mm	-45°厚度 /mm	0°厚度 /mm	9°0 厚度 /mm	轴压屈曲载荷 /(N/mm)	剪切屈曲载荷 /(N/mm)
0.5	0.5	0.5	0.2	332.21	538.26
0.5	0.5	0.5	0.3	339.7	550
0.5	0.5	0.5	0.4	345.95	560.02
0.5	0.5	0.5	0.5	351.40	569.02
0.5	0.5	0.5	0.6	356.31	577.38
0.5	0.5	0.5	0.7	360.85	585.32
0.5	0.5	0.5	0.8	365.11	592.98

通过上述数据可知,任意单层的厚度增加都会引起加筋板轴压和剪切屈曲载荷的上升。因为单层的厚度增加,其余单层厚度不变,则整个筋条的厚度增加,也就是增加了整个加筋板的刚度,会导致屈曲载荷的增加,但加筋板的重量也增加。为此,需要研究增加同样重量的情况下,增加哪个单层的厚度可以更有效地提高加筋板的屈曲载荷。研究图 5-15 和图 5-16,0°层曲线的斜率最大。因此,可以得出结论,轴压屈曲载荷对于筋条的 0°层最为敏感。

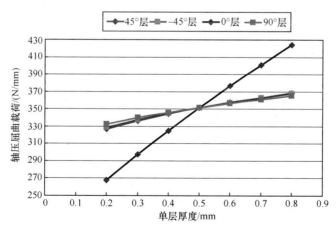

图 5-15 筋条单层厚度变化对轴压屈曲载荷的影响

(2) 筋条不变、蒙皮的单层厚度改变,得到的相应屈曲载荷数据见表 5-9 至表 5-12。

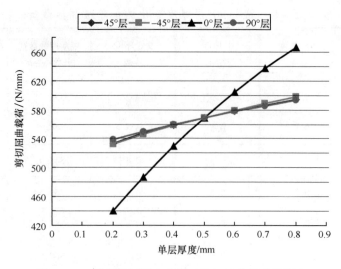

图 5-16 筋条单层厚度变化对剪切屈曲载荷的影响

表 5-9 蒙皮 +45°层厚度变化的加筋板屈曲载荷

+45°厚度 /mm	-45°厚度 /mm	0°厚度 /mm	90°厚度 /mm	轴压屈曲载荷 /(N/mm)	剪切屈曲载荷 /(N/mm)
0.2	0.5	0.5	0.5	310.50	476.00
0.3	0.5	0.5	0.5	324.60	510.34
0.4	0.5	0.5	0.5	337.56	541.74
0.5	0.5	0.5	0.5	351.40	569.02
0.6	0.5	0.5	0.5	365.80	593.54
0.7	0.5	0.5	0.5	380.89	617.18
0.8	0.5	0.5	0.5	396.77	640.96

表 5-10 蒙皮 -45°层厚度变化的加筋板屈曲载荷

+45°厚度 /mm	-45°厚度 /mm	0°厚度 /mm	90°厚度 /mm	轴压屈曲载荷 /(N/mm)	剪切屈曲载荷 /(N/mm)
0.5	0.2	0.5	0.5	306.50	436.26
0.5	0.3	0.5	0.5	320.90	479.94
0.5	0.4	0.5	0.5	335.73	525.02
0.5	0.5	0.5	0.5	351.40	569.02
0.5	0.6	0.5	0.5	367.99	612.66
0.5	0.7	0.5	0.5	385.67	658.32
0.5	0.8	0.5	0.5	404.55	707.54

表 5-11　蒙皮 0° 层厚度变化的加筋板屈曲载荷

+45°厚度 /mm	-45°厚度 /mm	0°厚度 /mm	90°厚度 /mm	轴压屈曲载荷 /(N/mm)	剪切屈曲载荷 /(N/mm)
0.5	0.5	0.2	0.5	291.73	483.20
0.5	0.5	0.3	0.5	312.18	512.08
0.5	0.5	0.4	0.5	331.91	540.62
0.5	0.5	0.5	0.5	351.40	569.02
0.5	0.5	0.6	0.5	370.97	597.50
0.5	0.5	0.7	0.5	390.82	626.32
0.5	0.5	0.8	0.5	411.10	655.82

表 5-12　蒙皮 90° 层厚度变化的加筋板屈曲载荷

+45°厚度 /mm	-45°厚度 /mm	0°厚度 /mm	90°厚度 /mm	轴压屈曲载荷 /(N/mm)	剪切屈曲载荷 /(N/mm)
0.5	0.5	0.5	0.2	302.23	432.10
0.5	0.5	0.5	0.3	318.19	477.20
0.5	0.5	0.5	0.4	334.48	524.00
0.5	0.5	0.5	0.5	351.40	569.02
0.5	0.5	0.5	0.6	369.15	612.50
0.5	0.5	0.5	0.7	387.86	657.06
0.5	0.5	0.5	0.8	407.63	704.32

从图 5-17 和图 5-18 可以看出,在轴压情况下,蒙皮中 0° 层厚度变化带来的屈曲载荷变化最大,但没有筋条中 0° 层的影响明显。对于剪切情况,-45° 和 90° 层最为敏感,这与有限元计算时剪力的加载方向有关。若剪切载荷加载方向相反,则 +45° 和 0° 层较为敏感。

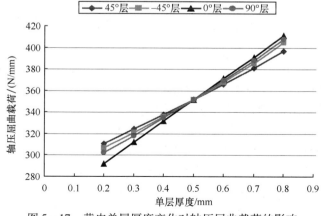

图 5-17　蒙皮单层厚度变化对轴压屈曲载荷的影响

117

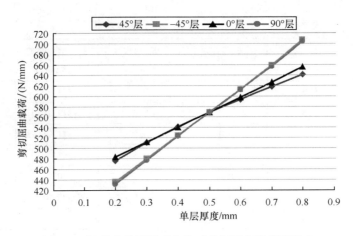

图 5 - 18　蒙皮单层厚度变化对剪切屈曲载荷的影响

综合上述数据可以看出,蒙皮中的铺层比例的变化对加筋壁板屈曲载荷的影响,弱于筋条中铺层比例的变化对加筋板屈曲载荷的影响。

5.3　多目标多约束复合材料加筋壁板优化

现代飞机选材主要考虑以下几个因素:
(1) 高的结构效率。
(2) 长寿命、高可靠性。
(3) 低成本。

与传统金属材料相比,复合材料有许多优越性,在减轻飞机结构重量、延长飞机维修周期、改善飞机性能或抗疲劳特性等方面效果显著,近年来在飞机结构上的使用率不断提高。但是复合材料也有不少问题:抗冲击损伤能力很差,修复困难,成本高。目前采用的三维编织和缝纫工艺可以解决前两个问题,成本较高,特别是制造成本较高成为限制其在飞机结构上大量使用的一个重要原因[7,8]。

图 5 - 19 给出了不同阶段的产品生命周期成本。可以看出,产品的概念设计阶段决定了整个产品的 70% ~ 80% 的成本。因此,分析复合材料结构的价格构成,构建相应的价格模型,将成本作为一个独立的因素在复合材料加筋壁板的设计中进行考虑是非常必要的。在加筋板的结构设计中,除了成本以外,设计者还希望设计的结构重量最轻,然而结构重量与成本对结构的要求往往是相互矛盾的,因此应该开展关于重量与成本的多目标优化设计。另外,为了使设计出的结构能够满足制造工艺要求,使结构优化结果在工程中具有较强实用性,还要考虑复合材料的制造约束。在复合材料加筋壁板结构实际设计中至少要考虑强度约束、稳定性约束和制造工艺约束,因此,复合材料加筋壁板优化设计是一个多目标多约束的优化问题。

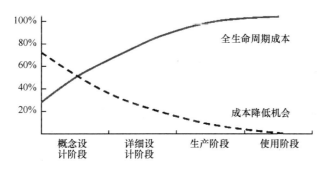

图 5 - 19　不同阶段的产品生命周期代价

5.3.1　成本模型

自 20 世纪 70 年代以来,美国和欧洲开展了复合材料制造成本估算模型的研究,并先后开发了多种复合材料成本估算软件,研究水平已经比较成熟且接近实用化。但由于工业制造设备的不同、专利的保护、技术的封锁,我国的复合材料制造设计部门很少能够从中获益。鉴于此,我国的学者在该方面从本国实际出发,开展了适合于国内的复合材料制造成本估算模型的研究。在本节中,针对复合材料加筋壁板结构,采用美国 Kassapoglou[9-11] 提出的制造成本模型进行评估。

Kassapoglou 提出的制造成本模型以制造中消耗的人力劳动为衡量标准,对于复合材料加筋壁板的蒙皮,价格模型为

$$M_\text{s} = [M_1 S + M_2 C] t_4 / t_{\text{ply}} \tag{5-12}$$

对于筋条,有

$$M_{\text{str}} = [M_3 \times \text{BH} + M_4 t_1 + M_5 t_2 + M_6 t_1^2] NA / t_{\text{ply}} \tag{5-13}$$

结构整体制造价格为

$$M = M_\text{s} + M_{\text{str}} \tag{5-14}$$

式中:$M_i (i = 1, 2, \cdots, 6)$ 为成本系数,详细取值见表 5 - 13(b 为凸缘宽度);S 与 C 分别为蒙皮的面积和周长;BH 为筋条高度;t_4 与 t_{ply} 分别为蒙皮与单层板的厚度;N 为筋条的数目;t_1、t_2、t_3 分别为筋条腹板、下凸缘和上凸缘的厚度(图 5 - 20)。

本书主要考虑刀形、T 形和"工"字形 3 类筋条。

表 5 - 13　3 种不同筋条的成本系数

	M_1	M_2	M_3	M_4	M_5	M_6
蒙皮	0.01	0.017	0.0	0.0	0.0	0.0
刀形筋	0.0	0.0	0.01	0.083	0.0	- 0.01
T 形筋	0.0	0.0	0.01	0.083 - 0.005 b	0.017	- 0.005
I 形筋	0.0	0.0	0.01	0.17	0.033	- 0.01

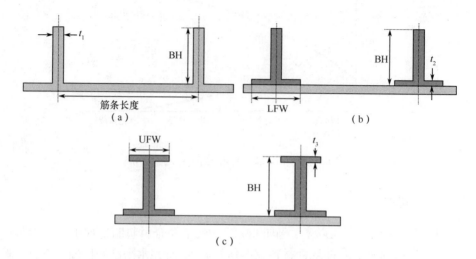

图 5 − 20　不同形式的加筋壁板的几何参数

（a）刀形筋条加筋壁板；（b）T 形筋条加筋壁板；（c）"工"字形加筋壁板。

5.3.2　制造工艺约束

目前,有关加筋壁板的优化设计研究很多,然而考虑制造工艺性约束的很少。优化后得到的结果往往不能满足制造工艺要求,使得优化结果在工程中不能用、不敢用。本书考虑复合材料加筋壁板的制造约束为[12]：

（1）考虑到防雷击设计,蒙皮的最小厚度为 3.5mm。

（2）考虑到筋条与蒙皮的连接,胶接成整体后为了防止裂纹扩展或者脱胶,有时需要机械连接把端头压紧,防止脱胶的扩大,T 形筋条的高度和凸缘的宽度要满足以下要求（图 5 − 21）,即

$$LFW \geqslant (2 \times (1.5 + 2.5) \times d) + (2 \times r) + BT \qquad (5-15)$$

$$BH \geqslant ((1.5 + 2.5) \times d) + r + LFT \qquad (5-16)$$

式中:d 为 M6 的螺栓的直径;$2.5d$ 是连接边距要求。LFW、BH、BT、LFT、UFW 等物理量含义见图 5 − 20。

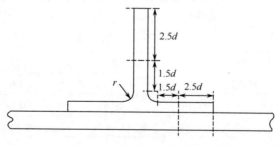

图 5 − 21　筋条连接约束示意图

同理,对于"工"字形筋条,要满足以下关系,即

$$UFW \geqslant BT + (2 \times (r + 5)) \qquad (5-17)$$

(3)考虑到加工设备的尺寸,筋条间距要大于 10.16cm。

(4)筋条腹板高度和凸缘宽度要大于 1.27cm。

(5)对于筋条的下凸缘厚度,要求大于蒙皮厚度的一半。

5.3.3 强度约束

采用最大允许应变来处理强度约束。考虑层合板在 x、y、xy 方向的应变,根据经典层合板理论,对于加筋板的蒙皮、筋条腹板与筋条缘条,其应变为

$$\begin{bmatrix} \varepsilon_x^0 \\ \varepsilon_y^0 \\ \varepsilon_{xy}^0 \end{bmatrix} = \begin{bmatrix} A_{11} & A_{12} & A_{16} \\ A_{12} & A_{22} & A_{26} \\ A_{16} & A_{26} & A_{66} \end{bmatrix}^{-1} \begin{bmatrix} N_x \\ N_y \\ N_{xy} \end{bmatrix} \qquad (5-18)$$

各方向实际的应变水平应小于允许应变,即

$$\varepsilon_i^0 \leqslant \varepsilon_i^{\text{Allow}} \qquad i = x, y, xy \qquad (5-19)$$

分别对加筋板的蒙皮、筋条腹板与筋条凸缘层合板进行应变最大约束。

5.3.4 实际结构重量评估

本节以结构重量与结构制造成本为优化设计的目标函数。理论上的结构重量可以从结构各部分的尺寸直接得到。然而,考虑到实际结构的制造和连接等原因,实际结构重量与理论计算值存在一些差异,因此,需要对理论计算重量进行合理的修正,即

$$W_{\text{real}} = W_{\text{theory}} \times \xi \qquad (5-20)$$

式中:W_{real} 为实际结构重量;W_{theory} 为理论计算结果;ξ 为修正系数。

一般来说,对于筋条 ξ 取 1。对于蒙皮 ξ 取 1.2。这样一来,结构重量为

刀形筋条加筋壁板

$$W_{\text{real}} = 1.5 \times n\rho S t_{\text{ply}} + N \times BH \times t_1 \qquad (5-21)$$

T 形筋条加筋壁板

$$W_{\text{real}} = 1.5 \times n\rho S t_{\text{ply}} + N \times BH \times t_1 + N \times LFW \times t_2 \qquad (5-22)$$

"工"字形筋条加筋壁板

$$W_{\text{real}} = 1.5 \times n\rho S t_{\text{ply}} + N \times BH \times t_1 + N \times LFW \times t_2 + N \times TFW \times t_3 \qquad (5-23)$$

5.3.5 优化模型

选择复合材料加筋壁板的蒙皮厚度、筋条的几何参数为设计变量,综合考虑屈曲稳定性、制造工艺、强度约束,以结构制造成本、结构总重量为目标函数进行

优化设计。优化模型可以表示为

$$\min M(t_1, t_2, t_4, \text{BH}, \text{LFW}, \text{TFW}) \qquad (5-24)$$

$$\min W_{\text{real}}(t_1, t_2, t_4, \text{BH}, \text{LFW}, \text{TFW})$$

$$\text{s. t.} \begin{cases} t_4 \geqslant 3.5 \\ t_2 \geqslant 0.5 t_4 \\ \text{LFW} \geqslant (2 \times (1.5 + 2.5) \times d) + (2 \times r) + \text{BT} \\ \text{BH} \geqslant ((1.5 + 2.5) \times d) + r + \text{LFT} \\ \text{UFW} \geqslant \text{BT} + (2 \times (r + 5)) \\ \varepsilon_i^0 \leqslant \varepsilon_i^{\text{Allow}}, i = x, y, xy \\ F \leqslant F_{\text{CriticalBuckling}} \end{cases}$$

5.4 复合材料加筋壁板稳定性优化设计

5.4.1 问题描述

工程中存在着很多加筋壁板的增稳设计问题。通过对加筋壁板的几何尺寸、筋条与基板的材料分布,筋条的几何形状进行合理的设计,可以有效地提高结构的稳定性。对于金属加筋壁板结构、筋条、基板几何尺寸比例等已经有了一些实用的设计准则;对于复合材料加筋壁板,相关的研究还不够成熟。本节使用优化手段,在保证结构重量不变的情况下,研究复合材料的铺向角、筋条高度、筋条数目、材料分布比例等因素对结构稳定性的影响程度,以明确加筋板设计应注意的问题,为工程实际结构设计提供一定的指导。

某型飞机的复合材料外翼有限元结构见图 5-22。该机翼沿着展向布置 22 根翼肋,形成 21 个翼盒结构。蒙皮厚度从翼根的 20mm 沿着展向减为 5mm。机翼采用 T 形加筋壁板结构。取其中第 10 段上蒙皮加筋壁板结构作为研究对象。

该段蒙皮的具体尺寸见图 5-23。初始尺寸为长 2.10m,宽 1.05m,沿着长度方向均匀布置有 8 根 T 形筋条,筋条间距 262.5mm。筋条腹板的高度和厚度分别为 $H = 67.5\text{mm}$ 和 $T_b = 8.832\text{mm}$,凸缘宽度与厚度分别为 $b_2 = 70\text{mm}$ 与 $T_f = 8.832\text{mm}$。蒙皮厚度为 $T_s = 8.832\text{mm}$,详细见图 5-23 和图 5-24。所有层合板均采用 $0°_2$、$±45°$、$90°_2$ 为 3 种基本铺层单位,并保持对称均衡结构。为了减少层间破坏,相同铺层角连续层数不超过 4 层。

对于整个结构,主要考虑在 x 方向的均布轴压载荷,边界条件为四边简支。本书优化的目的是在不增加初始结构重量的前提下,寻找最优的蒙皮厚度、筋条腹板高度、筋条腹板和凸缘厚度,以最大限度地增加结构的稳定性。

在该优化问题中,设计变量为蒙皮厚度、筋条腹板高度、筋条腹板和凸缘厚度,设计约束为保持结构重量不变,所以筋条腹板高度为

122

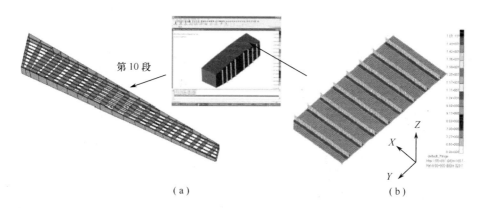

（a）

（b）

图 5-22　某型飞机复合材料外翼有限元结构

（a）复合材料机翼结构；（b）第 10 段上蒙皮加筋壁板结构。

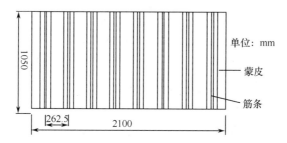

图 5-23　T 形加筋壁板几何尺寸

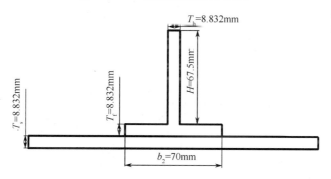

图 5-24　T 形筋条的初始几何尺寸

$$H = \frac{S - 2100 T_s}{N T_b} - b_2 \qquad (5-25)$$

式中：S 为加筋壁板的截面积；N 为筋条数目。

通过对结构重量约束的处理，优优化问题可以描述为

$$\min: F_{obj} = \frac{1}{F_{bcr}} = \frac{1}{F(T_s, T_b)} \qquad (5-26)$$

$$\text{s. t. }: W_{total} = const$$

123

$$g(\theta)\leqslant 4$$

式中：F_{obj}为优化问题的目标函数，定义为结构屈曲载荷因子 F_{bcr} 的倒数；$g(\theta)$为相同铺向角的连续层数；W_{total}为结构总重量。

5.4.2 蚁群算法的实施过程

1. 编码

从 5.4.1 节可以看出，优化问题的设计变量实际上是蒙皮的厚度、筋条腹板及凸缘的厚度。在优化中，层合板的厚度通过调节铺层总数目来实现。一般来说，可以使用编码 1、2、3 来代表 $0°$、$\pm 45°$、$90°$ 度单层板，为了使在优化过程中层合板的总厚度能够变化，引入一个空的编码 E。例如：

编码串：$\{2\ 2\ E\ 2\ 1\ 2\ 1\ 1\ 3\ 1\ 1\ 2\}$

解码：$[\ \pm 45_3/0_2/\pm 45/0_4/90_2/0_4/\pm 45\ ]$

编码 E 在解码的过程中被清除，这样就能保证不同厚度层合板的编码串的长度一致。如果在一个结构中包含若干个层合板结构，可以将每个层合板的编码串连接起来构成一个长串来处理。例如，对于一个刀形加筋板结构，筋条的最大层数为 7，蒙皮的最大层数为 5，使用一个长度为 12 的编码串就可以完成编码：

$$\text{编码}\underbrace{2\ 1\ 3\ E\ 1\ 2\ 1}_{\text{第一块层合板}}\quad \underbrace{E\ 1\ 2\ E\ 1}_{\text{第二块层合板}}$$

解码 $[\ \pm 45/0_2/90_2/0_2/\pm 45/0_2\ ]\quad [\ 0_2/\pm 45/0_2\ ]$

2. 蚁群算法

以上问题同样可以转换为多层城市旅行商问题，见图 5 - 25。

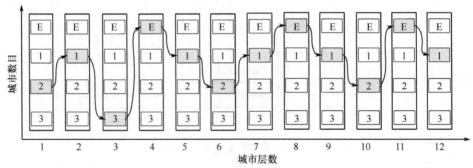

图 5 - 25 蚁群算法处理复合材料加筋壁板优化问题原理

当蚂蚁完成了一次旅行，其路线可以由先后访问的城市代号来表示，如图 5 - 25 所示的红色路线为

$\{2\ 1\ 3\ E\ 1\ 2\ 1\ E\ 1\ 2\ E\ 1\}$

表示的层合板的铺层为

$$[\ \pm 45/0_2/90_2/0_2/\pm 45/0_2/0_2/\pm 45/0_2\ ]$$

在本节的问题中,路线长度定义为屈曲载荷因子的倒数。采用本书 4.4.2 节所述的多层城市蚁群算法对本节问题进行求解。

5.4.3 结果与讨论

本节主要进行以下研究:

(1)分别研究基板铺层顺序对相同重量的有筋板和无筋板的稳定性影响程度。

(2)研究筋条高度对有筋板的稳定性影响程度。

(3)研究筋条与基板材料分布比例对有筋板的稳定性影响程度。

(4)研究筋条个数对加筋板的稳定性影响程度。

下面对以上四个方面分别进行详细论述。

(1)使用蚁群算法,分别对有筋条的复合材料板和无筋条的复合材料板进行屈曲载荷优化设计。无筋条板的长 2100mm,宽 1050mm。材料参数见表 5 - 14 各参数含义见表 4 - 3。共包含 72 层,

表 5 - 14 材料特性

E_{11}/ psi	E_{22}/ psi	G_{12}/ psi	v_{12}
144000	9400	4700	0.30

每层厚度为 0.184mm。有筋板的几何参数见 5.3.1 节。通过对铺向角进行优化设计,两种结构的屈曲载荷均得到了一定的提高。铺向角优化对无筋板结构和有筋板结构屈曲的影响分别见表 5 - 15 和表 5 - 16。

表 5 - 15 无筋板的铺向角优化结果

设计类别	铺层顺序	屈曲载荷/10^5 N
原始设计	$\left[(\pm 45/0_2/90_2)_6 \right]_s$	3.29
优化后设计	$\left[((90_2)_2/\pm 45)_6 \right]_s$	5.02

表 5 - 16 有筋板的蒙皮铺向角优化结果

设计类别	铺层顺序	屈曲载荷/10^5 N
蒙皮原始设计	$\left[(\pm 45/0_2/90_2)_4/ \pm 45 \right]_s$	37.52
蒙皮优化后设计	$\left[(90_2)_2/(0_2)_2/90_2/(0_2)_2/(\pm 45)_2 \right]_s$	37.65

从表 5 - 15 可以看出,铺向角优化大大提高了无筋板的屈曲载荷,提高了 52.58 % (5.02 vs 3.29)。从表 5 - 16 中可以看出,基板的铺向角优化对于有筋板的屈曲载荷提高很小,仅仅为 0.35% (37.65 vs 37.52)。

(2)筋条几何尺寸对加筋板的屈曲载荷的影响。

在这一部分,使用两个优化来研究筋条几何尺寸对加筋板的屈曲载荷的影响程度。第一个优化为:仅仅优化筋条的厚度和高度,基板保持不变;第二个优化为:同时优化筋条的厚度、高度及基板的厚度,允许材料在基板与筋条之间进

行转移。表 5 - 17 所列为两种优化的结果。

表 5 - 17　筋条几何参数优化结果

设计类别	蒙皮铺层顺序	筋条铺层顺序	筋条腹板高度/mm	屈曲载荷/10^5 N
原始设计	$[(\pm45/0_2/90_2)_4/\pm45]_s$	$[(\pm45/0_2/90_2)_4/\pm45]_s$	78	37.52
第一种优化后设计	$[(\pm45/0_2/90_2)_4/\pm45]_s$	$[(\pm45)_3/(0_2)_2/(\pm45/0_2)_2$ $/0_2/90_2/(0_2)_2]_s$	100.77	67.82
第二种优化后设计	$[((90_2)_2/\pm45)_3/$ $\pm45/(90_2)_2]_s$	$[\pm45/(0_2)_2/(\pm45)_2/0_2/90_2/$ $((0_2)_2/\pm45)_2/0_2/\pm45]_s$	117.04	101.51

从表 5 - 17 可以看出,两个优化均大大提高了加筋板的屈曲载荷水平。对于第一种优化,仅优化筋条,结构的屈曲载荷提高了 80.75% (67.82 vs 37.52),筋条高度有了一定的提高(100.77 vs 78)。对于第二种优化,加筋板结构的屈曲载荷提高了 170.56% (101.51 vs 37.52),基板层合板铺层数从 60 减少到 48,筋条高度从 78 增长到 117.04,意味着 16.43% 的重量从基板转移到了筋条。从该项研究可以看出,筋条的几何参数优化可以大大提高加筋板的屈曲载荷,从提高加筋板的屈曲载荷的角度来看,筋条的材料效率高于基板。对于加筋壁板的设计,重点应放在筋条的几何参数以及筋条与基板的材料分布比例。

(3) 筋条的个数对加筋壁板的稳定性的影响。

在整个优化过程中,加筋板的结构重量保持不变。考虑到筋条数目为整数,且变化范围不大,采用蚁群算法分别对包含不同筋条的加筋壁板结构进行优化设计。表 5 - 18 所列为不同筋条数目时的优化结果。

表 5 - 18　不同筋条个数时的蒙皮与筋条优化结果

筋条个数	蒙皮厚度 /mm		筋条腹板厚度 /mm		筋条高度/mm	
	A*	B*	A*	B*	A*	B*
4	8.83	8.83	13.98	14.72	117.67	109.72
5	8.83	8.83	11.04	11.78	117.04	106.78
6	8.10	8.10	10.30	11.04	122.45	111.04
7	8.10	8.10	8.83	8.83	120.97	120.97
8	7.36	6.62	8.83	10.30	120.08	114.41
9	7.36	6.62	7.36	8.83	130.69	119.39
10	7.36	6.62	6.62	8.10	129.96	115.37
11	6.62	6.62	6.62	7.36	133.59	114.63
12	5.89	5.89	7.36	7.36	117.36	117.36
13	5.89	5.89	6.62	6.62	121.24	121.24
注:A*—考虑铺层连续性约束的优化;B*—不考虑铺层连续性约束的优化						

从表 5 - 18 可以看出,当筋条数目从 4 增加至 10,蒙皮厚度逐渐减小。图 5 - 26 为蒙皮与筋条的重量比随筋条数目的变化趋势。当筋条数目从 4 增加至 10,蒙皮与筋条的重量比从 65.63% 降为 43.75%。意味着材料从蒙皮转移到了筋条。图 5 - 27 所示为对于不同筋条数目的加筋板的屈曲载荷。从该图中可以看出,当不考虑相同铺向角连续性约束,加筋板的屈曲载荷要相对略大。当筋条数目从 4 增加至 10,考虑相同铺向角连续约束,加筋板的屈曲载荷从 80.52 增加至 205.78;当不考虑相同铺向角连续约束,加筋板的屈曲载荷从 107.71 增长至 207.59。可以看出,在保持结构重量不变的情况下,加筋板的屈曲载荷随着筋条数目的增加而增加。但是,增加的程度随着筋条数目的增加而降低。

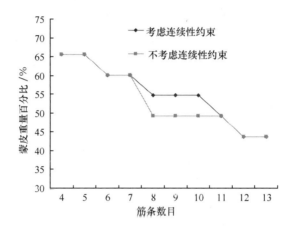

图 5 - 26 不同筋条个数下的蒙皮与筋条的重量比

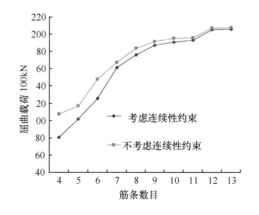

图 5 - 27 不同筋条个数下的结构最大屈曲载荷

参 考 文 献

［1］常楠. 飞机复合材料结构特性分析及优化技术研究［D］. 西安:西北工业大学,2011.

［2］张永昌. MSC. Nastran 有限元分析理论基础与应用［M］. 北京:科学出版社,2004.

［3］张佑启. 结构分析的有限条法［M］. 谢秀松,王贻荪,李兰芬,等译. 北京:人民交通出版社,1980.

［4］卢耀梓,卡申斯. 桥梁工程中的有限条法［M］. 罗崧发,陈锡华,等译. 北京:人民交通出版社,1985.

［5］Ovesy H R,Fazilati J. Stability analysis of composite laminated plate and cylindrical shell structures using semi－analytical finite strip method［J］. Composite Structures,2009,(89)3:467－474.

［6］Bradford MA,Azhari M. Buckling of Plates with different end conditions using the finite strip method［J］. Computers and Structures 1995:56(1):75－83.

［7］叶金蕊,张博明. 先进复合材料制造成本分析技术［J］. 航空制造技术,2007,增刊:97－101.

［8］叶强,陈普会,柴亚南. 复合材料结构制造成本估算模型及软件开发［J］. 复合材料学报,2008,25(4):161－107.

［9］Christos Kassapoglou. Simultaneous cost and weight minization of composite stiffened panels under compression and shear［J］. Composite Part A. Applied Scienceand Manafacturing,1997,28(5):419－435.

［10］Adnan Niazi,Jian S. Dai. Product cost estimation:Technique classification and methodology review［J］. Journal of Manufacturing science and engineering, 2006,58(5):563－575.

［11］Christos Kassapoglou. Minimum cost and weight design of fuselage frames Part B:cost considerations, optimization and results［J］. Composite:Part A, 1999,30(7):895－904.

［12］Phillips B,Neise E, Guo S. Realistic optimal design of a composite wing cover. ［C］ presented in the 4th AIAA MDO specialist conference, Illinois, USA,7－10 April, 2008.

第6章 复合材料翼面结构 布局优化设计

飞机翼面结构布局对结构重量的影响比较大,一般来说,结构布局决定了结构的重量水平。与尺寸优化问题相比,结构布局优化问题的求解方法还不成熟。结构布局决定了结构的主传力路径,哪种布局形式的结构主传力路径最优,对于复杂的多载荷工况、多设计约束的翼面结构,很难给出定解。对于不同布局的翼面结构,其尺寸、形状变量的最优取值也是不同的。此外,翼面结构布局问题中的拓扑、形状、尺寸变量又是相互耦合的,求解难度较大。因此,对于此类问题,关键是找到合适的简化处理策略。

6.1 翼面结构布局优化的分级优化思想

飞机翼面结构布局优化设计贯穿了打样设计、初步设计与详细设计过程。优化设计参数包括了尺寸、形状与拓扑变量,优化难度较大,实现比较困难。一般来说,根据设计阶段的不同,使用不同精度的有限元模型,对于不同的优化设计变量,采取分级优化策略来解决是一种可行而有效的办法。在当前国内、外该领域研究的基础上,本节提出了一种可用于工程实际的飞机翼面结构多级布局优化思想:

(1)采用拓扑优化手段得到机翼主承力骨架的数目与大致位置。

(2)在1)的优化结果的基础上,进行形状与尺寸综合优化设计,使用形状优化得到精确的翼梁位置,使用尺寸优化设计进行粗略的细节设计。

(3)在2)优化的结果上,得到翼面典型结构件的外载荷及约束条件,对典型结构件进行优化设计。整个优化思想见图6-1、图6-2。

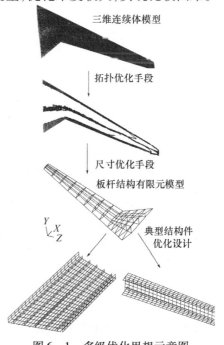

三维连续体模型

拓扑优化手段

尺寸优化手段
板杆结构有限元模型

典型结构件
优化设计

图6-1 多级优化思想示意图

129

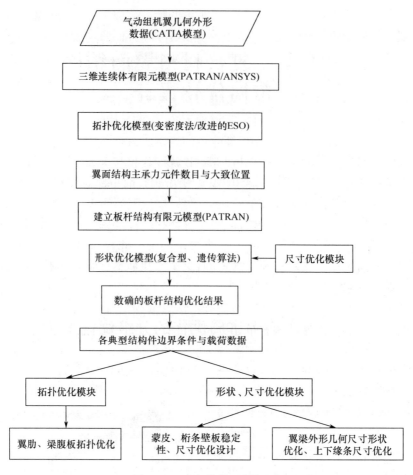

图 6-2　多级优化思想框图

6.2　翼面纵向结构的布局优化

6.2.1　基于改进 ESO 的翼面纵向结构布局优化

1. 改进的 ESO 方法

基本的渐进结构拓扑优化方法是将整个设计区域中单元的当量应力与整个结构的最大应力水平比较,然后删除较小的单元来完成单元的删除过程。对于最终拓扑优化结果是简单的桁架结构,平面受力问题,最终保留的单元将构成一个杆元,它们的当量应力仍然在一个水平上,具有很好的效果,如文献[1,3]中的杆系结构等。然而对于复杂的机翼结构,尤其是大展弦比机翼结构来说,气动载荷分布不均匀,沿着机翼的展向整个机翼结构的载荷差异很大,机翼翼梢部分的单元由于受力水平小于内部机翼,甚至是翼梢部分的应力最大值可能都不及

130

翼根部的中间应力水平,因此如果采用基本的渐进结构拓扑优化方法删除单元,翼梢部分的单元将被整体删除,这显然是不合理的,而且与实际的结果也不吻合,难以得到合理的拓扑结构。因此,有必要对基本的渐进拓扑结构优化设计方法进行改进,使之适合类似机翼这种受力不均匀的复杂结构拓扑优化设计。

针对上述问题,提出了以下的改进方法。将整个结构按照当量应力水平大小分成若干个子区域,尽量使每个区域单元的当量应力水平差别不大。在每一次迭代过程中,在各个区域删除相等数量的当量应力较小的单元,删除数目不宜过多,考虑到基本 ESO 方法的 RR 一般取为 0.01,这里删除数目选取为该区域单元总数的 1%,按照这样的删除规则,直到所剩余的单元总体积达到要求剩余体积比例为止。其优化步骤如下:

(1)在给定的载荷和边界条件下,定义初始设计区域,并根据该区域建立有限元离散网格。

(2)对有限元结构进行线性静力分析,采用某种当量应力准则,求出每个单元的当量应力值。

(3)按照结构的受力特点及载荷分布情况,对整个有限元单元分区。

(4)对每一个区域的所有单元按照当量应力大小进行排序。

(5)按照一定的删除比例删除每个区域的当量应力较小的单元。

(6)检查删除单元总体积是否达到删除体积限制,如果是则优化结束;否则重复步骤(2)~(5)。

对于改进的 ESO 方法,性能指标的计算仍可采用基本 ESO 的性能计算公式。每一次计算的时候取各个区域当量应力的最大值作为整个结构的最大当量应力值来计算。

2. 算例

使用有限元软件 MSC.PATRAN 建立了该机翼的有限元模型。模型如图 6-3 所示。根据气动专业提供的 CATIA 气动外形参数,采用 8 节点 HEX 元对机翼结构进行有限元建模,该模型共有 13728 个单元,27966 个节点。将气动节点力载荷转化为结构节点力载荷后施加到该模型上,翼根部节点固支。材料的弹性模量取 $E = 70000\text{MPa}$,泊松比取 0.333,在具体的拓扑优化过程中,每个单元为代替实际结构的一个微结构,所以对每个单元要建立一一对应的材料和单元属性,由于该有限元模型单元数目较多,在 MSC.PATRAN 的交互式环境下进行人工建立材料和属性显然是不现实的,在本书中采用 PCL 命令流来实现这个材料属性的赋予过程。关键性的语句如下:

```
integer i
string jj[5](100000)
for(i = 1 to 13728 by 1)
jj(i) = str_from_integer(i)
```

material. create("Analysis code ID",1,"Analysis type ID",1,jj(i),0,@
"Date:28 – Dec – 06   Time:14:24:43","Isotropic",1,"Directionality", @
1,"Linearity",1,"Homogeneous",0,"Linear Elastic",1,@
"Model Options & IDs",["","","","",""],[0,0,0,0,0],"Active Flag", @
1,"Create",10,"External Flag",FALSE,"PropertyI Ds",["Elastic Modulus", @
"Poisson Ratio","Density"],[2,5,16,0],"Property Values",["`e(i)","0.3" @ ,
"2.7",""])
elementprops_create(jj(i),71,25,30,1,1,20,[13,21,4124,4126,4125] @ ,
[5,4,4,4,4],["m:ì","","","",""],"Elementì")
 $ # Property Set "solid" created.
end for

图6 – 3   机翼结构的三维连续体有限元模型

以 MSC. NASTRAN 为有限元分析工具,使用基本的单向 ESO 方法进行拓扑
结构优化设计,初始删除率 RR =0. 01,进化率 ER =0. 01,当删除体积为0. 2 时,
拓扑结果见图6 –4。

图6 –4   简单 ESO 拓扑优化结果(删除体积比例为0. 2)

使用改进的 ESO 方法,利用所述步骤对该机翼结构进行拓扑优化设计,为

了便于比较,仍选用原来的有限元模型进行计算。沿着机翼展向将机翼划分为32 个子结构区域,每个子区域平均有 429 个单元,在每个子区域每一迭代步删除单元数目为 5 个,剩余体积比为 0.30,经过 60 次迭代,完成了拓扑优化设计。图 6 - 5 ~图 6 - 7 所示为不同剩余体积比的拓扑优化结果。图 6 - 8 所示为整个机翼结构的最大当量应力变化过程。

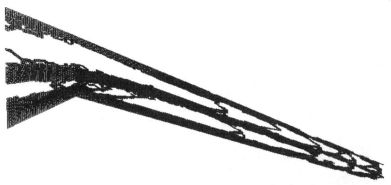

图 6 - 5　剩余体积比为 0.55 时的拓扑优化结果

图 6 - 6　剩余体积比为 0.45 时的拓扑优化结果

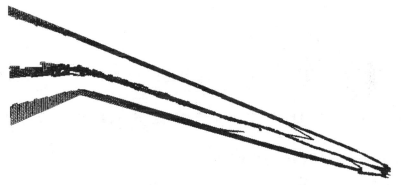

图 6 - 7　剩余体积比为 0.30 时的拓扑优化结果

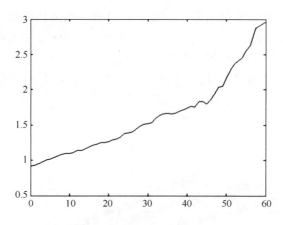

图 6 - 8 改进 ESO 方法最大当量应力变化曲线

6.2.2 基于递阶—蚁群的翼面纵向结构布局优化

1. 递阶优化

递阶优化源于大系统的分解协调方法。其最初是由 Bracken 和 McGill 于 1973 年提出,目前在理论上已经成熟[4]。递阶优化在一类多层的、呈递阶结构的、多目标的复杂大系统优化中得到了广泛的应用[5]。针对最基本的两级递阶优化问题,可简单地归结为以下形式:主系统级根据一定的规则给出一个决策方案(或变量),从系统级决策者在该方案下,根据一定的规则在可能的范围内优化本层次的目标,并将最优目标的性质返回给主层次优化问题,主层次级在此基础上做出整体的最优决策,其数学模型可以描述如下:

主系统优化问题

$$\begin{cases} \min\limits_{X} F(X,Y) \\ \text{s. t.} \quad g(X,Y) \leqslant 0 \end{cases} \tag{6-1}$$

从系统优化问题

$$\begin{cases} \min\limits_{Y} f(X,Y) \\ \text{s. t.} \quad h(X,Y) \leqslant 0 \end{cases} \tag{6-2}$$

式中:X、Y 为设计变量;$F(X,Y)$ 为整个系统的目标函数;$f(X,Y)$ 为从系统优化问题的目标函数。

其中,对于一个只包含一个从系统的问题,$F(X,Y)$ 取值为 $f(X,Y)$ 的最优值。

2. 基于递阶优化理论的机翼结构布局优化问题分解

机翼结构布局优化问题,实际上就是对于给定几何外形,如何确定纵、横骨架的数目与位置以及各组成元件的尺寸,使机翼在满足一定约束下的结构重量最小。其简化数学模型可表示为

134

$$\text{find}\quad \boldsymbol{\alpha} = \left[\alpha_1, \alpha_2, \cdots, \alpha_n\right]^{\mathrm{T}}, \quad \boldsymbol{A} = \left[A_1, A_2, \cdots, A_n\right]^{\mathrm{T}} \qquad (6-3)$$

$$\min\quad W = W_0 + \sum_{i=1}^{n} \alpha_i \gamma_i L_i A_i$$

$$\text{s.t.}\quad g_i^{\sigma} = [\sigma_i] - \alpha_i \sigma_{i\max} \geqslant 0 \quad i = 1, 2, \cdots, n$$

$$g_{jl}^{u} = [u_{jl}] - u_{jl} \geqslant 0$$

$$A_{i\min} \leqslant A_i \leqslant A_{i\max};$$

$$\alpha_i \in \{0,1\}; \quad A_i = \begin{cases} A_i, & \alpha_i = 1 \\ \varepsilon, & \alpha_i = 0 \end{cases}$$

式中:$\boldsymbol{A}$ 为元件的尺寸设计变量(杆件的横截面积或板的厚度);L 为杆件的长度或板的面积;γ 为该组元件的密度;α 为表示元件是否存在的拓扑设计变量;i 为元件的组数,当 $\alpha_i = 0$ 时,表示该组元件被删除,$\alpha_i = 1$ 时,该组元件被保留;W_0 为被动元件总重量;W 为结构总重量;$[\sigma_i]$ 和 $\sigma_{i\max}$ 分别为第 i 组元件的应力许用值和第 i 组元件的应力最大值;$[u_{jl}]$ 和 u_{jl} 分别为特定节点 j 给定方向 l 上的位移许用值和实际值。

该优化问题存在着两类设计变量:拓扑(0/1)变量,表示机翼结构的布局形式;尺寸设计变量,表示机翼各元件的尺寸。在优化中可以把这两类变量分别来处理,根据递阶优化理论,该优化问题可以分解为以下两个优化问题:主系统进行布局级优化;从系统进行尺寸级优化。

布局级优化,即

$$\begin{cases} \displaystyle\min_{\alpha} W = W_0 + \sum_{i=1}^{n} \alpha_i \gamma_i L_i A_i \\ \text{s.t.}\quad \alpha_i \in \{0,1\} \end{cases} \qquad (6-4)$$

尺寸级优化,即

$$\begin{cases} \displaystyle\min_{A} W = W_0 + \sum_{i=1}^{n} \alpha_i \gamma_i L_i A_i \\ \text{s.t.}\quad g_i^{\alpha} = [\sigma] - \alpha_i \sigma_{i\max} \geqslant 0 \\ g_{jl}^{u} = [u_{ji}] - u_{ji} \geqslant 0 \\ A_{i\min} \leqslant A_i \leqslant A_{i\max} \\ A_i = \begin{cases} A_i, & \alpha_i = 1 \\ \varepsilon, & \alpha_i = 0 \end{cases} \end{cases} \qquad (6-5)$$

在两级优化的过程中,布局级优化将拓扑设计变量值传递给尺寸级优化,一组拓扑设计变量代表一种机翼结构布局形式,尺寸级优化在每个布局方案下进行以结构重量为目标函数、同时满足各种性能约束的尺寸优化设计,根据尺寸优化结果的好坏来评价与之对应的结构布局形式的优劣,将各个布局方案下的最小结构重量反馈给布局级优化,以不断催生出更加优秀的结构布局形式,作为布局级优化进行下一步迭代的依据。整个递阶系统的运行流程见图6-9。

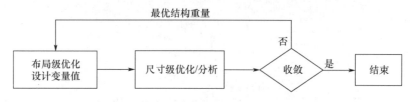

图6-9 两级递阶布局优化系统运行流程

该两级递阶布局优化的实现过程为:采用基结构法的思想,在考虑了机翼内置功能部件的布置以后,沿机翼弦向布置足够数目的翼梁,通过删除或者保留某些翼梁产生不同的翼梁布局形式,在删除翼梁时,将该梁单元所对应的材料弹性模量降为1‰。布局优化采用蚁群算法来解决,尺寸优化采用高效的、对设计变量个数不敏感的准则法来处理。

根据蚁群算法的原理,最后所有的蚂蚁将趋向于最优的路径,因此不同的蚂蚁会产生重复的路径。为了提高蚁群算法的优化效率,引入蚂蚁路径数据库用来储存所有蚂蚁所经过的路径信息以及相对应的目标函数值。对于每次新产生的蚂蚁路径,首先将其与数据库中已有路径进行比较,如果有相同路径,则直接从数据库中调出与该路径相对应的目标函数信息,无需进行尺寸优化;否则,进行尺寸优化,并将该条路径与目标函数信息导入数据库,对数据库进行更新。

3. 布局优化流程

在Matlab7.0环境下编写蚁群算法和准则法优化程序,利用有限元分析软件NASTRAN作结构分析,从蚁群算法中得到特定布局的机翼结构以后,通过修改*.bdf文件中某些翼梁的材料弹性模量来达到删除翼梁的目的,然后采用准则法在此基础上进行尺寸优化设计。由于机翼是一个静不定结构,内力分配符合刚度分配原则,因此,被删除的翼梁尺寸将被优化至设计变量的最小值,对结构的承载能力可以忽略不计。

4. 机翼结构布局优化设计算例

为了更好地说明问题,本书在布局优化设计过程中不考虑机翼内部功能部件的配置。在MSC. PATRAN下建立了机翼的板杆结构有限元模型(图6-10),沿着机翼的展向均匀布置了12根翼梁结构,从机翼前缘至后缘依次进行编号,共有413个节点,1125个单元,其中杆元360个、板元765个,结构材料属性见表6-1。

表 6-1 结构材料属性

弹性模量/MPa	泊松比	许可应力/MPa	密度/(g/cm³)
70000	0.33	400	2.7

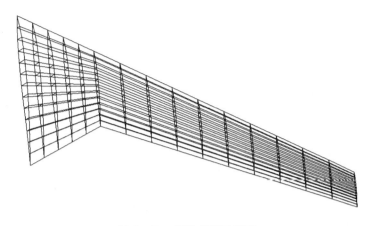

图 6-10 机翼有限元模型

为了减小尺寸设计变量的个数,根据机翼的受力特点沿着机翼展向将机翼的蒙皮、梁腹板、梁缘条分成 7 个区域,其中在每个区域蒙皮、梁缘条按照上下翼面分为两部分,这样一来,共有拓扑设计变量 12 个,尺寸设计变量 266 个,在尺寸优化过程中考虑位移约束和强度约束,采用第四强度理论约束结构的应力,即

$$R_r \; D_4(x) \leqslant R(4) \tag{6-6}$$

式中:$R_r \; D_4(x)$ 为 VonMises 平均等效应力;R 为材料的许可应力,本书取 400MPa。

位移约束为翼尖挠度不超过展长的 5%。取整个机翼结构的总重量为目标函数。

应用本节所述两级递阶布局优化方法进行优化设计,根据有关资料,蚁群算法各参数取值见表 6-2。为了更好地看出蚁群算法的优点,对该问题同时用遗传算法替代蚁群算法进行布局优化设计。优化后两种方法都得到了 2、5、9 号梁保留的三梁布局方案(图 6-11)。主系统级与从系统级优化的收敛曲线见图 6-12。

表 6-2 蚁群算法运行参数

参 数	α	q_0	ξ	ε	ρ	τ_0	N
取值	0.5	0.8	0.8	0.4	0.6	0.1	12

优化结果证明了本书所提优化方法的可行性与正确性。由图 6-12 可以看出,与遗传算法相比,蚁群算法的计算量较少,收敛较快。本书遗传算法种群为80,经过 42 代收敛,共计算目标函数 3360 次,蚁群算法蚂蚁数目为 30 个,经过

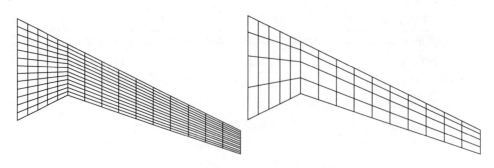

图 6-11　机翼基结构与优化后布局在弦平面投影

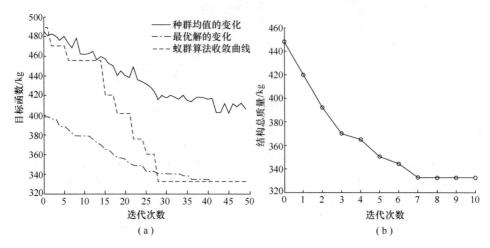

图 6-12　主系统级与从系统级优化的收敛曲线
(a) 遗传算法与蚁群算法收敛曲线；(b) 准则法尺寸优化收敛曲线。

28 代收敛,计算目标函数共计 570 次,是遗传算法的 25%,特别是蚂蚁路径数据库的引入,避免了 52 次目标函数计算,约占应计算次数的 9.12%。由此可见,改进的蚁群算法在保证全局最优的同时有着较高的优化效率。

考虑到进化算法初始取值的随机性,取第一代中的最优值作为参考对优化结果进行对比。优化后最小结构重量为 332.25kg,整个布局优化总的减重为159.95kg,其中尺寸优化减重 115.7kg,说明考虑了机翼翼梁的布局以后,可以在尺寸优化的基础上另外带来 44.25kg 的减重效果。

6.2.3　多梁多墙翼面纵向结构布局优化

多梁多墙式结构由厚的承力蒙皮和纵向的墙梁组成。该结构上翼面的受压蒙皮能够通过墙得到下翼面蒙皮的支持,具有较高的应力水平和承载能力。本节从提高结构效率出发,研究该类机翼墙与梁的最优数目与粗略位置。

138

1. 多梁多墙机翼结构优化问题描述

构建一个包含足够数目翼梁的有限元模型,采用删除某些翼梁的方式来产生不同的翼梁布局方案。对于多梁多墙机翼的结构布局优化问题,可以采用这个策略来解决。首先建立一个包含足够数目翼梁的有限元模型,在有限元建模中,翼梁模型一般采用承受拉压载荷的缘条与承受剪切的腹板组合而成(图 6 – 13)。与 6.2.2 节不同的是,缘条与腹板分别被定义为独立的拓扑设计变量。这样,当一根翼梁的缘条被删除以后,翼梁将转化为腹板结构,如图 6 – 14 所示。

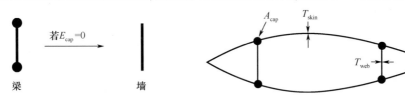

图 6 – 13　梁与墙有限元模型　　　图 6 – 14　机翼结构有限元模型截面

这样一来,多梁多墙机翼结构布局优化问题可以描述为

$$\text{find} \quad \boldsymbol{\alpha} = [\alpha_1, \alpha_2, \cdots, \alpha_n]^\mathrm{T}, \quad \boldsymbol{A}_{\mathbf{cap}} = [A_{\mathrm{cap}}^1, A_{\mathrm{cap}}^2, \cdots, A_{\mathrm{cap}}^n]^\mathrm{T} \quad (6-7)$$

$$\boldsymbol{T}_{\mathbf{web}} = [T_{\mathrm{web}}^1, T_{\mathrm{web}}^2, \cdots, T_{\mathrm{web}}^n], \quad \boldsymbol{T}_{\mathbf{skin}} = [T_{\mathrm{skin}}^1, T_{\mathrm{skin}}^2, \cdots, T_{\mathrm{skin}}^n]$$

$$\min \quad W = W_0 + \sum_{i=1}^m \rho S_{\mathrm{skin}}^i T_{\mathrm{skin}}^i + \sum_{i=1}^n \rho \beta_1^i T_{\mathrm{web}}^i S_{\mathrm{web}} + 2\sum_{i=1}^n \rho \beta_2^i A_{\mathrm{cap}}^i L_{\mathrm{cap}}^i$$

$$\text{s. t.} \quad g_k(\boldsymbol{\alpha}, \boldsymbol{A}_{\mathbf{cap}}, \boldsymbol{T}_{\mathbf{web}}, \boldsymbol{T}_{\mathbf{skin}}) \geq 0 \quad k = 1, 2, \cdots, K$$

$$\beta_1^i = \begin{cases} 1, & \alpha_i = 1 \\ 1, & \alpha_i = 2 \\ 0, & \alpha_i = 3 \end{cases} \quad \beta_2^i = \begin{cases} 1, & \alpha_i = 1 \\ 0, & \alpha_i = 2 \\ 0, & \alpha_i = 3 \end{cases}$$

式中:$\boldsymbol{\alpha}$ 为拓扑设计变量;$\boldsymbol{A}_{\mathbf{cap}}$ 与 $\boldsymbol{T}_{\mathbf{web}}$ 分别为翼梁的缘条面积和腹板厚度;$\boldsymbol{T}_{\mathbf{skin}}$ 为蒙皮厚度;S_{skin} 与 S_{web} 分别为蒙皮与翼梁腹板的厚度;W 与 W_0 分别为机翼结构的总重量与不参与结构优化的部件结构重量。

该问题同样是一个包含离散与连续设计变量的复杂优化问题。根据递阶优化理论,可以分解为以下两个子问题来处理。

子问题 1:

$$\text{find} \quad \boldsymbol{\alpha} = [\alpha_1, \alpha_2, \cdots, \alpha_n]^\mathrm{T} \quad (6-8)$$

$$\min \quad W = W_0 + \sum_{i=1}^m \rho S_{\mathrm{skin}}^i T_{\mathrm{skin}}^i + \sum_{i=1}^n \rho \beta_1^i T_{\mathrm{web}}^1 S_{\mathrm{web}} + 2\sum_{i=1}^n \rho \beta_2^i A_{\mathrm{cap}}^i L_{\mathrm{cap}}^i$$

$$\text{s. t.} \quad \beta_1^i = \begin{cases} 1, & \alpha_i = 1 \\ 1, & \alpha_i = 2 \\ 0, & \alpha_i = 3 \end{cases} \quad \beta_2^i = \begin{cases} 1, & \alpha_i = 1 \\ 0, & \alpha_i = 2 \\ 0, & \alpha_i = 3 \end{cases} \quad \alpha_i \in \{1, 2, 3\}$$

子问题2：

find $\quad \boldsymbol{A}_{\mathbf{cap}} = \left[A_{\mathrm{cap}}^1, A_{\mathrm{cap}}^2, \cdots, A_{\mathrm{cap}}^n \right]^{\mathrm{T}}, \boldsymbol{T}_{\mathbf{web}} = \left[T_{\mathrm{web}}^1, A_{\mathrm{web}}^2, \cdots, A_{\mathrm{web}}^n \right],$ （6 – 9）

$\qquad \boldsymbol{T}_{\mathbf{skin}} = \left[T_{\mathrm{skin}}^1, A_{\mathrm{skin}}^2, \cdots, A_{\mathrm{skin}}^n \right]$

min $\quad W = W_0 + \sum_{i=1}^{m} \rho S_{\mathrm{skin}}^i T_{\mathrm{skin}}^i + \sum_{i=1}^{n} \rho \beta_1^i T_{\mathrm{web}}^i S_{\mathrm{web}} + 2 \sum_{i=1}^{n} \rho \beta_2^i A_{\mathrm{cap}}^i L_{\mathrm{cap}}^i$

s. t. $\quad g_k(\boldsymbol{\alpha}, \boldsymbol{A}_{\mathbf{cap}}, \boldsymbol{T}_{\mathbf{web}}, \boldsymbol{T}_{\mathbf{skin}}) \geq 0 \quad k = 1, 2, \cdots, K$

2. 优化实施过程

子问题式(6 – 8)优化后的目标函数将被定义为问题式(6 – 9)的目标函数。也就是说,问题式(6 – 9)被内嵌在问题式(6 – 8)中。其中,对于子问题式(6 – 8),将其转化为一个多层城市 TSP 优化问题(图 6 – 15),并使用蚁群算法来处理。

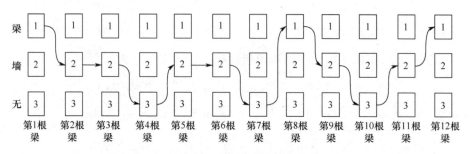

图 6 – 15　多梁多墙机翼结构布局优化问题的多层城市 TSP 原理

在图 6 – 15 中,该机翼共包含 12 根翼梁,其中,在拓扑优化过程中每根翼梁有 3 种可能:梁、墙、无,分别以拓扑变量1、2、3 来表示。每条不同的路线将代表着一种特定的布局方案。例如,图 6 – 10 中红色路线所代表的布局方案为

路线:[1　2　2　3　2　2　3　1　2　3　2　1]

布局:["梁","墙","墙","墙","墙","梁","墙","墙","梁"]对于子问题式(6 – 9),使用 NASTRAN 尺寸优化模块来实现。整个布局优化的流程见图 6 – 16。

3. 算例

取某大展弦比机翼为研究对象。该机翼结构包含 11 根翼肋,拓扑优化模型包含 12 根翼梁结构,沿着弦向均匀分布,从机翼前缘开始依次命名为 1 ~ 12。该有限元模型有 413 个结构节点,1125 个单元,其中 765 个面单元与 360 个杆元(图 6 – 16)。为了简化起见,采用金属材料,材料弹性参数为 $E = 72\mathrm{GPa}$,泊松比为 0.33,密度为 2.7g/cm³。边界条件为翼根固支,将气动载荷通过节点力转换程序转换到结构节点力。

设计变量:拓扑变量为 12 个。为了降低尺寸设计变量的个数,以降低问题的复杂度,将机翼沿着展向划分为 5 个区,取每个区内的蒙皮厚度、每根翼梁的

140

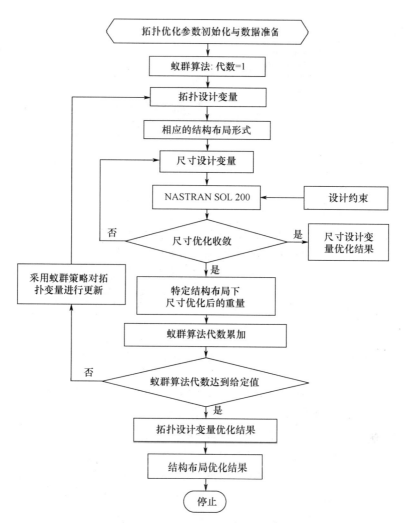

图 6-16　多梁多墙机翼结构布局优化流程

缘条面积和腹板厚度以及每根墙的厚度为尺寸设计变量。很显然,尺寸设计变量的个数取决于不同的机翼结构布局形式。当 12 根翼梁全部保留时,共有 125 个尺寸设计变量。

约束条件:考虑强度与刚度两种约束条件。强度约束采用第四强度理论 Von Mises 等效应力来限制[6,7],即

$$\sigma^* = (\sigma_{11}^2 + \sigma_{22}^2 - \sigma_{11}\sigma_{22} + 3\sigma_{12}^2)^{1/2} \tag{6-10}$$

式中:σ^* 与 σ_{ij} 分别为 Von Mises 等效应力与应力分量。

强度约束可以表示为

$$\max(\sigma^*) \leqslant \sigma_{\text{allow}}^* \tag{6-11}$$

式中:σ_{allow}^* 为最大许可 Von Mises 等效应力,本节取 140MPa。

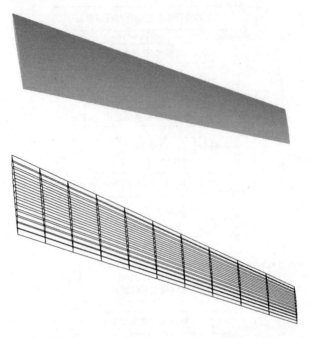

图 6 - 17　机翼结构的几何外形与有限元模型

刚度约束限制。取机翼挠度最大不超过 500mm。所有的约束条件均在子问题式(6 - 9)中进行处理。

目标函数:取结构总重量最小为目标函数。

在 Matlab 7.1 环境下编写蚁群算法程序和与 NASTRAN 数据交换程序,对上述机翼结构进行布局优化设计。根据文献[8,9]选取蚁群算法的参数。考虑到蚁群算法为一种随机搜索算法,为了克服随机性,进行了 20 次的布局优化设计,得到了 3 种不同的布局形式。表 6 - 3 给出了优化后的拓扑设计变量与相应的结构重量。

表 6 - 3　拓扑设计变量优化结果与对应的结构重量

序号	拓扑优化结果	结构重量/kg
1	[3 3 1 2 1 1 1 3 2 1 1 2]	547.00
2	[2 2 1 1 1 1 1 3 1 1 3 3]	547.97
3	[1 3 1 1 1 1 1 2 3 1 1 2]	547.48

本书取第一组结果进行讨论。图 6 - 18 与图 6 - 19 分别为蚁群算法与 NASTRAN 尺寸优化收敛曲线。图 6 - 20 所示为初始结构布局与优化后的结构布局对比。机翼结构最大挠度发生在 176 号节点,优化后其位移为 500mm,结构的最大 Von Mises 等效应力为 86.6MPa。图 6 - 21 所示为机翼结构优化后的位移变形图,图 6 - 22 所示为机翼结构优化后的 Von Mises 应力云图。

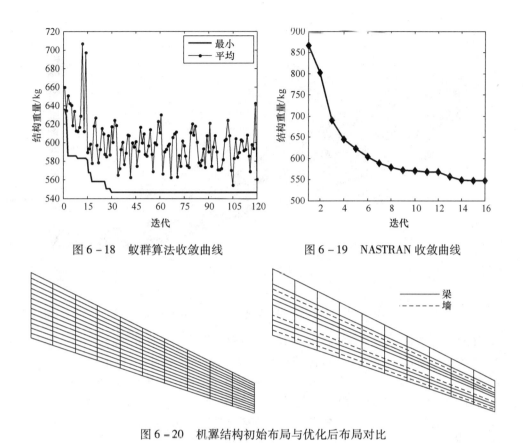

图 6-18　蚁群算法收敛曲线　　　　　　　图 6-19　NASTRAN 收敛曲线

图 6-20　机翼结构初始布局与优化后布局对比

MSC.Patran 12.0.044 30-Jul-08 05:21:37
Fringe:DEFAULT.SC1.SC1,A1:Static Subcase D:16:Displacements,Translational-(NON-LAYERED)(MAG)
Deform:DEFAULT.SC1.SC1,A1:Static Subcase D:16:Displacements,Translational

图 6-21　优化后机翼结构位移变形图

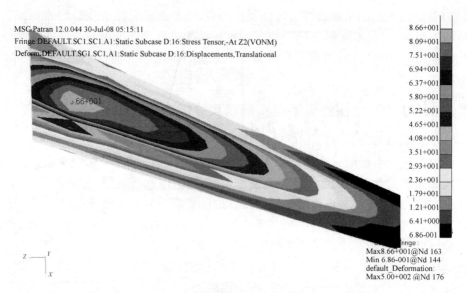

MSC.Patran 12.0.044 30-Jul-08 05:15:11
Fringe:DEFAULT.SC1.SC1,A1:Static Subcase D:16:Stress Tensor,-At Z2(VONM)
Deform:DEFAULT.SG1.SC1,A1:Static Subcase D:16:Displacements,Translational

图 6 – 22　优化后机翼结构 Von Mises 应力分布

通过拓扑优化结果可以看到,1、2 号梁由于该处载荷较小而被删除,5、6、7 号梁由于该处翼型高度较高而得以保留。从优化结果可以看出,该机翼最终结构总重量为 547kg,相对于最初的 1005.51kg,减重 458.51kg,减重比例为 45.6% 。其中,拓扑优化目标函数从第一代的 636.71 减少至 547kg,占总减重的 19.56% 。表明了布局优化在尺寸优化的基础上还有着明显的减重效果。

6.3　翼面结构形状与尺寸综合优化设计

6.3.1　性能指标的定义

在飞机机翼结构设计中,出于承受弯矩的考虑,翼梁应尽可能地布置在机翼翼型高度较大的位置,同时尽量保证传力的连续、直接。然而,在实际工程中,翼梁的布置还要受机翼的平面布局和内部装载的影响。前后梁的布置一般要考虑各种舵面、增升装置以及操纵传动机构的安装,内部翼梁结构的布置通常受起落架,整体油箱等布置的影响。虽然如此,实际的结构设计中,特别是对于多梁多墙式机翼结构,翼梁的位置仍有较大的选择余地。

从直观上看,机翼纵向骨架结构的位置在沿着机翼翼型弦向变化时,要保证翼型的同一性,翼梁(墙)的几何尺寸(高度、长度等)将作相应的变化,从而引起结构重量以及相关结构性能(位移、最大应力)的变化。

事实上,翼梁(墙)的变化将引起整个机翼结构的传力路径的变化以及载荷重新分布,从结构优化的角度来说,当翼梁(墙)的位置发生变化时,机翼的其他部件的几何尺寸应该作相应的调整,调整后的机翼结构的性能方能代表翼梁

(墙)新的位置时的结构特性。考虑到这一点,本节在研究翼梁(墙)位置对结构性能的影响时,对不同翼梁(墙)位置的机翼结构进行考虑刚度和强度的尺寸优化设计,并将优化后的机翼结构重量做为表征不同翼梁(墙)位置优劣的一个指标。

6.3.2 基于两相法的翼面结构形状尺寸综合优化设计

1. 问题描述

机翼结构由横向元件(如肋)和纵向元件(如梁等)以及外部蒙皮组成。由于机翼翼肋对整个结构的总体弯曲刚度贡献不大,因此,重点考虑翼梁的位置优化,即选取翼梁根部节点位置坐标为位置设计变量。为了便于研究,尽可能简化机翼模型,在模型建立过程中暂不考虑机翼内部装载问题。尺寸设计变量包括蒙皮厚度、梁腹板厚度以及梁缘条面积等。取机翼结构总重量为目标函数。考虑强度约束和刚度约束,因此本优化模型实际上是几何尺寸变量与位置变量耦合在一起的结构形状优化设计。其数学模型为

$$
\begin{cases}
\min f(\boldsymbol{X}_1, \boldsymbol{X}_2); & \boldsymbol{X}_1, \boldsymbol{X}_2 \in R \\
\text{s. t.} \quad g_k(\boldsymbol{X}_1, \boldsymbol{X}_2) \geqslant 0 & k = 1,2,3,\cdots,K \\
X_i^{(l)} \leqslant X_{1i} \leqslant X_j^{(u)} & i = 1,2,3,\cdots,n \\
X_j^{(l)} \leqslant X_{2j} \leqslant X_j^{(u)} & j = 1,2,3
\end{cases}
\tag{6-12}
$$

式中:$\boldsymbol{X}_1$ 与 $\boldsymbol{X}_2$ 分别为尺寸设计变量与位置设计变量;$f(\boldsymbol{X}_1; \boldsymbol{X}_2)$ 为结构总重量;$g_k(\boldsymbol{X}_2, \boldsymbol{X}_2)$ 为结构需要满足的各种约束函数。

对于优化问题式(6-12),存在着两类性质不同的设计变量,它们对目标函数(结构重量)均有着一定的影响,但是影响程度不同,因此,如果将这两类性质的优化变量统一纳入到一个优化程序来处理,将造成部分尺寸设计变量难以找到最优解,甚至是整个优化难以收敛。

根据两相法的原理,把尺寸变量与坐标变量视为两个设计空间,为此分两相进行;在相Ⅰ中,给定节点坐标变量空间中的一个点后,利用构件剖面尺寸的优化方法,求出对应于此点时的构件剖面尺寸;在相Ⅱ中,目标函数可化成仅是节点坐标变量的函数,由于约束条件已在相Ⅰ优化中满足,故问题化为以节点坐标参数为变量的无约束最优化问题。于是,优化问题式(6-12)可转化为以下优化问题,即

相Ⅰ
$$
\begin{cases}
\min G(\boldsymbol{X}_2); & \boldsymbol{X}_2 \in R \\
X_j^{(l)} \leqslant X_{2j} \leqslant X_j^{(u)} & j = 1,2,3
\end{cases}
\tag{6-13}
$$

相Ⅱ
$$
\begin{cases}
\min F(\boldsymbol{X}_1); & \boldsymbol{X}_1 \in R \\
\text{s. t.} \quad g_k(\boldsymbol{X}_1, \boldsymbol{X}_2) \geqslant 0 & k = 1,2,3,\cdots,K \\
X_i^{(l)} \leqslant X_{1i} \leqslant X_j^{(u)} & i = 1,2,3,\cdots,n
\end{cases}
\tag{6-14}
$$

其中,相Ⅱ是一般的尺寸优化问题,目前有很多成熟的方法可以解决; $G(X_2)$ 为针对每一组位置变量的机翼结构进行尺寸优化后的结构重量。首先采用 MSC. NASTRAN 完成尺寸优化,即解决相Ⅱ的优化问题。对于相Ⅰ的优化问题,由于很难建立形状设计变量与目标函数之间的函数表达式,其结果需从 NASTRAN 优化结果文件中读出,这就给式(6-13)的优化带来了困难。对于复杂的机翼结构,其由 MSC. NASTRAN 的优化结果文件中读取,很难给出 $G(X_2)$ 的具体表达式,更谈不上求出其导数信息,因此使用常规的梯度优化方法解决式(6-14)的优化存在一定的困难。而复合形法、遗传算法等随机搜索法恰好可以解决此类优化问题,在本书中,经过拓扑优化以后已经可以知道机翼翼梁的大致数目与位置。采用复合形法、遗传算法进行结构优化只需要知道目标函数的实际数值,并不需要目标函数的导数信息,甚至不需要求出目标函数的表达式,所以问题式(6-13)采用对目标函数要求较低的复合形法进行优化。它不依赖于梯度信息,不要求目标函数连续,甚至可以不需要目标函数的表达式,其搜索方法具有随机搜索特性,所以是一种有效可行的解决方法。本书所提两相法优化策略具体实现过程见图6-23。

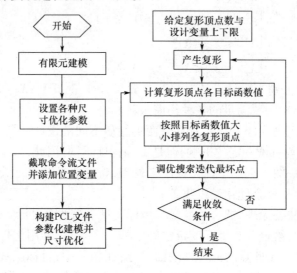

图6-23 优化流程

2. 优化算例

某型机翼内翼盒段结构有限元模型如图6-24所示,沿机翼展向布置3根肋,纵向布置5根翼梁,从机翼前缘后缘依次为1、2、3、4、5号梁。其中1、3、5号梁与外翼梁贯通,这样有利于传力的连续性。考虑到翼根部弦长较大,在1、3、5梁之间布置有2、4两根翼梁,且它们分别与1、3梁在内外翼转折处交汇。

根据蒙皮受力不同,将蒙皮按展向和上下位置分为6块蒙皮。蒙皮之间有若干根桁条。整个模型由板杆结构构成。共有88个节点,bar2元165个,

146

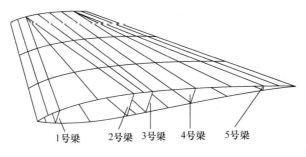

1号梁　　2号梁　3号梁　4号梁　　5号梁

图 6 - 24　　有限元模型

tri3 元 14 个, quad 元 116 个。材料的弹性模量为 70GPa, 泊松比为 0. 3, 密度为 2. 7g/cm³, 许可应力为 400MPa。机翼几何优化主要是针对翼梁位置, 考虑到 1、3、5 号梁与外翼梁贯穿, 其位置不易改变。因此主要是 2、4 梁的位置调整, 关键是翼根部节点位置的优化, 将其翼根部位置以弦向百分比来表示, 建立了参数化模型。

该优化问题共有两类设计变量, 即位置变量和尺寸变量。位置变量为 2、4 梁在翼根部的弦向位置百分比 x_1 与 x_2, 几何尺寸变量为各梁缘条截面积 $L_i(i = 1,2,3,4,5)$、梁腹板厚度 $H_i(i = 1,2,3,4,5)$、肋腹板厚度 $T_i(i = 1,2,3)$、桁条截面积 B, 蒙皮厚度 $M_i(i = 1,2,3,4,5,6)$。一共有 21 个设计变量。

模型主要考虑两部分载荷。一部分载荷是外翼的传递载荷。具体计算过程为将内外翼连接肋处固支, 将内翼单元删除, 通过计算连接肋处的支点反力来确定外翼传递给内翼的载荷;另一部分载荷为内翼的气动载荷。根据气动组所给气动载荷, 使用等效节点力程序计算各个节点的气动载荷。

1）强度约束[3,4]

由于结构处在一种复杂的应力状态下, 故采用第四强度理论约束结构的应力, 即

$$R_x D_4(x) = \sqrt{\frac{1}{2}\left[(\sigma_1 - \sigma_2)^2 + (\sigma_2 - \sigma_3)^2 + (\sigma_3 - \sigma_1)^2\right]} \leq [\sigma]$$

(6 - 15)

式中: $R_x D_4(x)$ 为 Von Mises 平均等效应力;$[\sigma]$ 为材料的许可应力。

2）刚度约束

机翼是飞机的主升力面, 在气动载荷作用下不应产生较大的变形, 特别是扭转变形可能引起机翼空气动力特性严重恶化, 甚至引起颤振和操纵面反效等问题。另外, 机翼设计时还要保证有足够的刚度, 尤其是应有足够的扭转刚度。本书取翼结合处中心节点的 Y 向位移限制 35mm, 扭转限制 Z 向 1°。

采用本书所提出的方法进行几何优化, 复合形法经过 22 次的迭代求解, 取得了最优翼梁位置, 此时 MSC. NASTRAN 经过了 13 次迭代, 完成了尺寸优化。

最优位置为 $x_1 = 0.33$，$x_2 = 0.55$，此时最小结构重量为 382.63kg。与原来根据经验设计的总重量相比，重量减轻了 33%。图 6-25 所示为复合形法迭代过程，图 6-26 所示为 MSC. NASTRAN 的迭代过程。将得到的最优位置代入 MSC. NASTRAN 可以进一步得到最优尺寸设计变量。

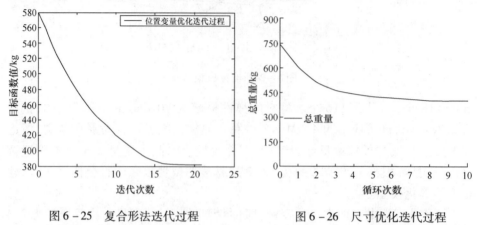

图 6-25　复合形法迭代过程　　　　图 6-26　尺寸优化迭代过程

本书采用两相法优化思想，将机翼结构几何优化问题分解为尺寸优化与位置优化两个子优化问题，用 MSC. NASTRAN 的优化模块（改进的可行方向法）进行尺寸优化，将尺寸优化结果传递给复合形法以进行位置优化，算例证明了方法的可行性。该方法有以下的特点：

（1）针对复杂的机翼结构选取杂交算法进行形状与尺寸综合优化设计，实际上是将不同性质的设计变量分别采用不同的优化方法进行优化，这样大大降低了问题的难度，又能取得最优解。同时，考虑到了不同设计变量的性质，而采用不同的优化方法，这样做更能发挥各种优化方法的长处，有利于提高优化效率。

（2）本书采用参数化命令流文件进行不同翼梁位置的建模使以上方法的具体实施有了可能。

（3）由于本书没有使用模型近似技术，而是针对不同位置变量的模型分别进行计算，因而所得到的解可信度较高。

（4）本书所提方法同样适应其他复杂结构的形状与尺寸综合优化设计，有广阔的推广应用前景。

6.4　响应面近似技术

在优化设计过程中，约束条件、目标函数的求解往往需要调用商业的分析软件，需要耗费大量的机时，适当的使用近似建模技术来构造学科分析中的输入输出关系，将复杂的学科分析从优化过程中剥离出来，可以代替耗时的分析时间，提高优化效率;同时,某些优化问题的分析程序对输入参数很敏感,设计变量的微小变化会带来目标函数、设计约束的很大改变,产生数值噪声,不利于优化问题的收敛。近似模型进行处理优化问题可以降低计算中的数值噪声,提高收敛速度,下面对两种常用的近似技术进行简单介绍。

6.4.1　神经网络响应面近似技术

神经网络是近年来得到迅速发展的一个前沿领域。神经网络响应面近似技术近年来在结构优化中得到了广泛的应用。众所周知,在处理约束的时候一般要求出结构的局部节点位移、结构各部分的应力等。对于简单的验证性质的经典算例,其可以通过力学知识计算得出,对于复杂的、结构庞大、形状不规则的实际结构,一般需要使用较为耗时的有限元法求出。然而在结构优化过程中,需要反复调用有限元软件来计算,完成一次结构优化需要成百上千次甚至更多的有限元计算,计算量太大,尤其对于效率较低的遗传算法,这种计算量甚至是不能接受的。神经网络响应面技术可以代替结构有限元分析过程,在保证一定精度的同时,对有限元分析的结果进行有效的近似,从而大大降低结构有限元分析的次数,提高了结构优化的效率。神经网络响应面构造未知函数不需要预先确定近似函数形式,有较好的适应能力,能近似表达含有连续和离散设计变量的系统分析模型。

神经网络领域研究的背景工作始于 19 世纪末和 20 世纪初。它源于物理学、心理学和神经生理学的跨学科研究,是在物理机制上模拟人脑信息处理机制的信息系统,它除了具有处理数据的计算能力外,还具有对知识的思维、学习和记忆能力,能找出输入与输出变量之间的非线性关系。神经网络自产生以来被广泛地应用于结构分析、结构优化、结构损伤检测、交通工程等许多领域[10]。下面以常用的 BP 神经网络(Back Propagation Neural Network) 来介绍。

BP 神经网络也称误差反向传播神经网络,它是由非线性单元组成的前馈网络(图 6 – 27)。在众多的神经网络中,目前以 BP 网络应用最为广泛。

BP 神经网络的学习过程包括两个阶段[11,12],即正向传播和反向传播。在正向传播过程中,输入信息从输入层经隐单元层逐层处理,并传向输出层,每一层神经元的状态只影响下一层神经元的状态。如果在输出层不能得到期望的输出,则转入反向传播,此时误差信号从输出层向输入层传播,并沿途调整各层神经元间的连接权值和阈值,两个过程反复交替,以使误差逐渐减小,直到达到精度要求。该算法实际上是求误差函数的极小值,它通过多个样本的反复训练,并采用梯度最快下降法使得权值沿着误差函数负梯度方向改变,并收敛于最小点。

对于给定的总层数为 L 的 BP 神经网络,和给定的学习样本集$(X_t, D_t)$$(t = 1,2,3,\cdots,S)$,网络的学习目的就是为了求取各层的权函数 $\omega_{ij}^{(k)}$$(k = 1,2,\cdots, L)$,实际上 $\omega_{ij}^{(k)}$ 就表示了从输入到输出之间的一种映射关系,所不同的是这种

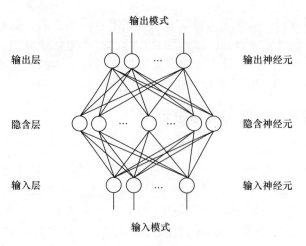

图 6 - 27　BP 神经网络模型

映射是从一个 N 维的向量(输入)空间映射到另一个 M 维的向量(输出)空间。
为了研究这种映射反映实际输入—输出关系的近似程度,使

$$E = \sum_{t=1}^{S} \| D_t - Y_t \|^2 = \sum_{t=1}^{S} \sum_{j=1}^{M} (d_{jt} - y_{jt})^2 \qquad (6-16)$$

达到最小值,其中,E 为各层的训练误差函数,它是整个训练集中所有样本产生
的输出误差的平方和,S 为训练样本的数目,M 为输出层神经元的数目;$X_t = (x_{1t}, x_{2t}, \cdots, x_{Nt})$ 为第 t 个训练样本的输入;N 为输入层神经元的数目;$Y_t = (y_{1t}, y_{2t}, \cdots, y_{Mt})$ 为对应第 t 个训练样本 X_t 作为输入时的网络输出;$D_t = (d_{1t}, d_{2t}, \cdots, d_{Mt})$ 为对应第 t 个训练样本的输入 X_t 的理想化输出。

将训练好的网络的权值和阈值固定下来,这就是输入—输出间的用神经网
络模拟出来的映射关系,可以用这个映射关系验证样本和目标输出,也可以进行
泛化或推理。BP 神经网络结构设计的一个难点是神经元的个数与隐层个数的
确定,目前,多采用反复试验和试凑的方法。

采用神经网络响应面进行结构优化的步骤如下:
① 定义设计变量与目标函数。
② 构建试验样本。
③ 选取神经网络参数,使用试验样本训练神经网络。
④ 使用得到满足近似精度要求的神经网络响应面来代替结构分析等过程。
⑤ 将神经网络响应面嵌入优化程序进行优化。

6.4.2　函数近似技术

函数近似技术是近似概念提出时最早采用的方法,函数近似的内容非常广
泛,根据覆盖设计空间的大小可以分为函数局部近似技术和函数全局近似技术。
使用函数近似技术,首先要假定近似函数的形式,设计者要比较了解影响目标函

150

数的主要设计变量,以减少设计变量的个数,从而减少试验样本数目;研究响应面的输入输出关系是哪一种函数形式,以选择合适的近似基函数。对优化问题进行这两个方面的初步研究,对于建立一个合适的、高精度的近似函数有事半功倍的效果。

参 考 文 献

[1] Xie Y M, Steven G P. Evolutionary structural optimization[M]. Berlin: Springer, 2011.

[2] Yang X Y, Xie Y M, Steven G P, et al. Bidirectional evolutionary method for stiffness optimization[J]. AIAA journal, 1999, 37(11): 1483 – 1488.

[3] Huang X, Xie Y M. A new look at ESO and BESO optimization methods[J]. Structural and Multidisciplinary Optimization, 2008, (35)1: 89 – 92.

[4] Bracken J, McGill J M. Mathematical programs with optimization problems in the constraints[J]. Oper Res, 1973, 21(1): 37 – 44.

[5] 向丽. 递阶优化问题理论及其算法研究与进展[J]. 控制与决策, 2001, 16(6): 854 – 857.

[6] Ugural A C, Fenster S K. Advanced Strength of Materials[M]. New York: Elsevier, 1975.

[7] Govil A K, Arora J S, Haug E J. Optimal design of wing structures with substructuring[J]. Computers& Structures, 1979, (10)6: 899 – 910.

[8] 段海滨. 蚁群算法原理及应用[M]. 北京: 科学出版社, 2005.

[9] 李士勇, 陈永强, 李研. 蚁群算法及其应用[M]. 哈尔滨: 哈尔滨工业大学出版社, 2004.

[10] 姜绍飞. 基于神经网络的结构优化与损失检测[M]. 北京: 科学出版社, 2002.

[11] 闻新, 等. Matlab 神经网络应用设计[M]. 北京: 科学出版社, 2000.

[12] 张力明. 人工神经网路的模型及其应用[M]. 上海: 复旦大学出版社, 1992.

第7章 复合材料翼面结构气弹剪裁设计

飞机翼面结构设计除了要考虑重量要求外,还必须满足飞机的气动特性要求。飞机的气动性能与翼面的气动弹性变形直接有关,所以控制和利用结构的气动弹性变形是提高或改善飞机气动性能的一个重要方面。对于以复合材料为承力构件的翼面结构,恰恰可以利用层合板的刚度方向性来产生结构的弯扭耦合效应,从而控制其弹性变形,复合材料结构的"气动弹性剪裁"便应运而生。

7.1 概　　述

7.1.1　复合材料气弹剪裁的基本概念

复合材料气动弹性剪裁技术最早是针对前掠翼飞机提出的,并已在前掠翼飞机上成功应用。机翼斜掠的概念早在 1935 年就由德国的空气动力学家 Adolph Busemann 提出,此后德国人又率先发现了前掠翼的一系列优异的气动性能,并于 1945 年制造出前掠 25°的容克斯 Ju – 287 前掠翼轰炸机,比当时的任何螺旋桨飞机都要快。前掠翼的优异性能一直为飞机设计师和空气动力学家所青睐,但是前掠翼飞机的发展很曲折,最主要的原因就是各向同性材料的金属合金材料密度大,要在不增加结构重量的条件下解决前掠翼飞机在高速下的气动弹性发散问题是非常困难的。

1974 年,美国空军中校 Norris Krone 在其博士论文《Divergence Elimination with Advanced Composites》中提出名为气动弹性剪裁(Aeroelastic Tailoring)的结构设计方法。他指出复合材料的刚度具有方向性,前掠翼蒙皮若采用复合材料,可使机翼具有方向性的刚度,当机翼在气动力载荷下弯曲时,不会因过度扭转发生气动弹性发散现象。

气动弹性剪裁是通过复合材料的刚度方向性及其弯扭变形耦合来控制翼面结构的静力和动力气动弹性变形,从而提高飞机性能的一种结构优化方法。飞机性能主要是指飞机航程、飞行包线、机动性能、操纵安定性能及乘坐品质等,其中相当一部分依赖于气动弹性性能的改善,主要是指提高扭转发散速度,提高操纵效率,提高颤振速度,改善静稳定性,减缓机动载荷,提高升阻比,改善升阻极曲线特性等[1-4]。前掠翼飞机 X - 29 和 S - 47 均是复合材料气动弹性剪裁优化设计的典型成功范例。

复合材料气动弹性剪裁原理上是考虑气动弹性约束的一个结构优化设计问题,其数学模型从结构优化的角度可归结为寻找满足静、动强度及气动弹性等多个约束条件的结构参数设计变量,使要求的目标函数(一般为结构重量)最小。因此,对于飞行器结构设计中常采用的层合复合材料结构,由于其铺层的可设计性,一般选取复合材料铺层方向角和铺层厚度等参数为结构设计变量,选取结构重量最小为目标函数,约束可以是应力、应变、位移、舵效、发散速度、颤振速度等约束以及结构参数取值的边界约束。

7.1.2 气弹剪裁研究现状及工程应用

早在 1949 年,美国的 Munk 曾经在木质螺旋桨上利用了材料刚度的各向异性,使弹性叶片随着飞机的推力变化而产生有利的扭转变形。4 年后 Short S. B. 4 Sherpa 样机上也利用气动弹性剪裁的概念,使机翼设计成不论机翼弹性变形分布如何总能保持攻角沿翼展不变。1969 年进一步在设计超临界机翼中利用复合材料的刚度方向特性,使飞机在巡航和机动情况下都能达到理想的扭角分布。1978 年,美国的高机动先进技术试验飞机 HIMAT(图 7 - 1)问世,它利用复合材料的气动弹性剪裁设计了飞机的前翼和机翼的蒙皮,实现了在 8g 过载时理想地控制了变形。与此同时,在前掠翼的设计中成功地利用气动弹性剪裁排除了它在静气弹中的障碍——扭转发散,美国的 X - 29(图 7 - 2)和俄罗斯的 S - 37 复合材料前掠翼技术验证机的相继试飞成功,验证了采用改变复合材料的铺层方向的方法,可以产生所需的弯扭耦合效应,从而克服诸如扭转发散等问题并使翼面得到独特的气动特性。

图 7 - 1　HIMAT 在高过载下的弹性变形使升力重新分布

图 7 - 2　X - 29 外形

　　此外,F - 22 在结构/气弹多学科优化设计方面取得了巨大成功,也得益于其在复合材料气弹剪裁方面的深入研究。图 7 - 3 显示复合材料使用量占到其结构重量的 24.6% ,主要用在机翼、尾翼、机身壁板上。图 7 - 4 是其全动平尾蒙皮剪裁部分结果,图中显示其翼尖部分蒙皮 ±45° 总层数增至 20 层[5]。

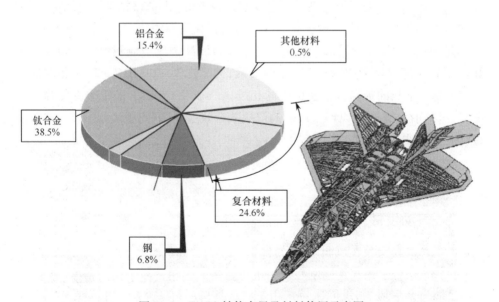

图 7 - 3　F - 22 结构布局及材料使用示意图

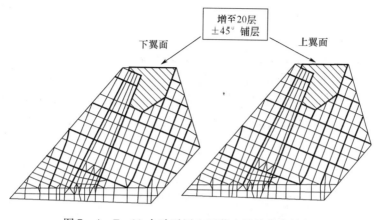

图 7 - 4　F - 22 全动平尾上下蒙皮部分剪裁结果

7.2　气动弹性问题的原理及其分析方法

7.2.1　静、动气弹原理说明

　　气动弹性力学主要研究弹性体在气流作用下的力学行为。所涉及学科的气动弹性力三角形如图 7 - 5 所示。

　　其中,把气动力 A 和弹性力 E 联系起来,就是通常所说的气动弹性静力学(简称"静气弹")的研究内容。对于飞机的气动弹性静力学问题,它主要包含了机翼的静力扭转发散、操纵面效率(反效)、机翼气动载荷重新分布以及飞机的飞行静稳定性等问题。

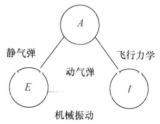

图 7 - 5　Collar 气动弹性力
三角形

　　在 Collar 气动弹性力三角形中,把气动力、弹性力、惯性力联系起来,就是气动弹性动力学(简称"动气弹")研究的内容。飞机气动弹性动力学问题,主要包括机翼颤振、操纵面嗡鸣、抖振、飞机的突风响应等研究内容。

　　下面对机翼静、动气弹各种问题的物理现象和原理进行简单阐述[6]。

7.2.2　气动发散问题的物理现象和原理

　　将二元机翼安装在风洞中,扭转弹簧一端固定在风洞壁上,另一端固定在机翼刚心处。使整个机翼连同刚心处的扭转弹簧一起扭转一个初始角度(初始攻角)α_0,然后开启风洞,设风速为 v,由于机翼是通过扭转弹簧弹性连接在洞壁上的,所以在气动力(表现为对刚心的气动力矩)作用下机翼的攻角会增大,而同时机翼又受到一个弹簧恢复力矩的作用,在风速不太大时,在气动力矩和弹簧恢复力矩的共同作用下,机翼将在一个新的攻角 $\alpha = \alpha_0 + \theta$ 下达到平衡(图7-6),显然,附加的攻角 θ 是因为机翼具有弹性支持而产生的扭转变形,正是这个扭转变形体现了机翼结构在气流中的弹性体效应,即气动弹性效应。如果弹簧刚度很大,或者风洞的风速很低,则扭转角 θ 会很小;如果弹簧刚度很小,或者风洞的风速很高,则扭转角 θ 会很大,甚至扭转弹簧会扭转到超过其弹性极限而导致破坏。

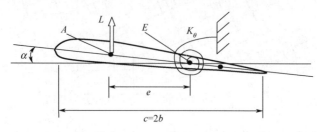

图7-6 弹性支持的二元机翼

假定弹簧刚度保持为 K_θ,如果风速为 v 时处于平衡状态机翼的扭转角 θ 很小,则当开始加大风速时,会看到机翼的扭转角会逐渐增大,当风速增大到某一较高值时,机翼的扭转角会突然增大甚至使机翼发生翻转。这种现象,就是通常所称的"扭转发散",又称为"静发散"或"发散"。由此可知,当弹簧刚度一定时,附加攻角 θ 的大小与气流速度有密切关系。前面提到的使机翼产生发散失稳的那一个较高的风速,在气动弹性静力学问题中,用一个术语来表述,称为"扭转发散临界速度"或简称"发散速度",记为 v_D。上述过程也可以用下面的符号来表达,即

$$\alpha_0 \xrightarrow{v,L} \alpha_0 + \theta_1 \xrightarrow{v,L+\Delta L_1} \alpha_0 + \theta_1 + \theta_2 \xrightarrow{v,L+\Delta L_1 + \Delta L_2} \alpha_0$$
$$+ \theta_1 + \theta_2 + \cdots + \begin{cases} \theta & v < v_D \text{ 平衡} \\ \infty & v > v_D \text{ 失稳} \end{cases} \tag{7-1}$$

7.2.3 副翼效率问题物理现象和原理

如图7-7所示,将带副翼的二元机翼用一个扭转弹簧支持在风洞壁上,使初始攻角为零,然后操纵副翼使其向下偏转 β 角,同时启动风洞,此时,由于副翼的偏转,机翼上的气动力会发生相应的变化。众所周知,副翼向下偏转相当于使机翼弯度增加,从而有升力增量 L_β,且 $L_\beta = \dfrac{\partial C_L}{\partial \beta} \beta q S$,其作用点一般位于气动中心之后,如果把它移到气动中心,则会产生一个附加的对气动中心的力矩 M_β,且 $M_\beta = \dfrac{\partial C_{m0}}{\partial \beta} \beta q S c$,通常 M_β 是一个使机翼低头的力矩,即 $\dfrac{\partial C_{m0}}{\partial \beta}$ 为负值。由于机翼是弹性支持的,故该低头力矩会使机翼向减小攻角的方向产生一个弹性扭转变形,

156

即向攻角减小的方向扭转一个 θ 角,这将使机翼产生一个附加的向下的气动力 L_θ,且 $L_\theta = \dfrac{\partial C_L}{\partial \alpha} \theta qS$,从而使总的升力增量(通常简称为增升)为 $\Delta L = L_\beta - L_\theta$。这种由于机翼弹性变形而使得偏转副翼所产生的实际增升减小的效应,就是操纵面效率(副翼效率)问题。

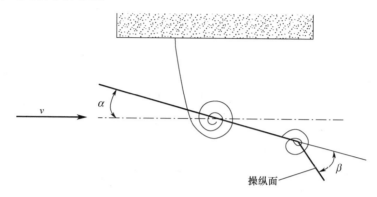

图 7 - 7　带副翼的二元机翼

从上述的物理现象描述和讨论中知道,在副翼操纵效率问题中涉及的仅仅是副翼偏转 β 角后的气动力增量,而与操纵副翼偏转前机翼原有的升力大小无关。故在研究副翼操纵效率问题时,可以假定在副翼未偏转前机翼的攻角为零,这对问题的讨论不会有实质上的影响,而且下面所提到的升力系数都是指与副翼偏转后所引起的机翼升力增量相关的部分,不涉及副翼偏转前机翼上原有的升力。

1. 副翼反效临界速度

副翼偏转 β 角后,增升的作用点位于气动中心之后。现将其等效为作用于气动中心的升力 L_β 以及绕气动中心的气动力矩 M_β,由于 M_β 的作用,机翼会产生弹性扭转变形 θ,产生一个升力 L_θ,从而总的升力增量为

$$L = L_\beta + L_\theta = C_L qS = \left(\frac{\partial C_L}{\partial \alpha} \theta + \frac{\partial C_L}{\partial \beta} \beta \right) qS \qquad (7-2)$$

式(7-2)的加号表示机翼的弹性扭转可能是低头扭转也可能是抬头扭转。这时对刚心的总气动力矩为

$$M = L \cdot e + M_\beta = \left(\frac{\partial C_L}{\partial \alpha} \theta + \frac{\partial C_L}{\partial \beta} \beta \right) qSe + \frac{\partial C_{m0}}{\partial \beta} \beta qSe \qquad (7-3)$$

由于机翼弹性扭转而引起的弹性恢复力矩为

$$M_e = K_\theta \cdot \theta \qquad (7-4)$$

假定机翼在扭转了 θ 角后达到一个平衡位置,则对刚心的力矩平衡方程为

$$K_\theta \cdot \theta = \left(\frac{\partial C_L}{\partial \alpha} \theta + \frac{\partial C_L}{\partial \beta} \beta \right) qSe + \frac{\partial C_{m0}}{\partial \beta} \beta qSc \qquad (7-5)$$

因此在副翼偏转 β 角后,机翼在气动力矩与弹性恢复力矩共同作用下产生的扭转角为

$$\theta = \frac{\left(e\dfrac{\partial C_L}{\partial \beta} + c\dfrac{\partial C_{m0}}{\partial \beta}\right)qS}{\left(K_\theta - \dfrac{\partial C_L}{\partial \alpha}qSe\right)}\beta \qquad (7-6)$$

根据升力系数公式,可以求得此时机翼的升力系数,它由两部分组成,一部分为弹性扭转角 θ 引起,另一部分为副翼偏转角 β 引起,即

$$C_L = \frac{\partial C_L}{\partial \alpha}\theta + \frac{\partial C_L}{\partial \beta}\beta = \frac{\left(\dfrac{\partial C_L}{\partial \alpha}\dfrac{\partial C_{m0}}{\partial \beta}qSc + K_\theta\dfrac{\partial C_L}{\partial \beta}\right)}{K_\theta - \dfrac{\partial C_L}{\partial \alpha}qSe}\beta \qquad (7-7)$$

由于 $\dfrac{\partial C_{m0}}{\partial \beta} < 0$,故随着风速 v 的增加,上式中分子会越来越小,可以证明,在满足 $e\dfrac{\partial C_L}{\partial \beta} + c\dfrac{\partial C_{m0}}{\partial \beta} < 0$ 的条件下(实际上这个条件也保证了随风速 v 的增加,上式中的分子先于分母为零),随着风速 v 的增加,C_L 会越来越小,即总增升 L 越来越小,如果在速度未达到扭转发散临界速度之前(即分母为零之前),v 增加到使上式分子为零,也即使升力系数 $C_L = 0$,则在此速度下,操纵副翼偏转任何角度都不会产生增升,这时,副翼失去作用而处于失效状态,如果 v 继续增大,就会使升力系数 C_L 成为负值,操纵副翼偏转实际所产生的升力增量的方向与所需的相反,而出现所谓的操纵反效现象。由此可知,副翼反效的临界条件为

$$\frac{\partial C_L}{\partial \beta}K_\theta + \frac{\partial C_L}{\partial \alpha}\frac{\partial C_{m0}}{\partial \beta}qSc = 0 \qquad (7-8)$$

从而解出反效临界速压为

$$q_R = -\frac{\dfrac{\partial C_L}{\partial \beta}K_\theta}{\dfrac{\partial C_L}{\partial \alpha}\dfrac{\partial C_{m0}}{\partial \beta}Sc} \qquad (7-9)$$

反效临界速度为

$$v_R = \sqrt{-\frac{2\dfrac{\partial C_L}{\partial \beta}K_\theta}{\rho\dfrac{\partial C_L}{\partial \alpha}\dfrac{\partial C_{m0}}{\partial \beta}Sc}} \quad \left(\frac{\partial C_{m0}}{\partial \beta} < 0\right) \qquad (7-10)$$

当速度 v 低于反效临界速度 v_R 时,副翼操纵效率的降低程度可以用操纵效率来表示。

158

2. 副翼效率

假定机翼是刚性支持的,显然这时操纵副翼偏转 β 角后所产生的升力增量仅与 β 角有关,其升力系数为

$$C_L^r = \frac{\partial C_L}{\partial \beta} \cdot \beta \qquad (7-11)$$

二元机翼的副翼操纵效率定义为弹性支持机翼的升力系数与刚性支持机翼升力系数之比,即

$$\eta = \frac{C_L}{C_L^r} = \frac{\left(\frac{\partial C_L}{\partial \alpha} \frac{\partial C_{m0}}{\partial \beta} qSc + K_\theta \frac{\partial C_L}{\partial \beta} \right)}{\left(K_\theta - \frac{\partial C_L}{\partial \alpha} qSe \right) \frac{\partial C_L}{\partial \beta}}$$

$$= \frac{1 - q/q_R}{1 - q/q_D} = \frac{1 - q/q_R}{1 - (q_R/q_D) q/q_R} \qquad (7-12)$$

7.2.4 颤振问题物理现象和原理

空中飞行的飞机,受到某种扰动而引起振动,会引起附加的气动力,在这些附加的气动力中,有些将起到激励力的作用,有些将起到阻尼力作用,这样,飞机的振动一旦被激起,就可能会有下述 3 种情况:①振幅不断衰减而振动最终消失;②振幅不断扩大而结构最终发生破坏;③振幅保持不变而呈等幅的简谐振动。如果振动最终是衰减的,则称结构是动力稳定的;反之,则称结构是动力不稳定的;如果振动始终维持在等幅状态,则称结构处于临界稳定状态。通常在气动弹性动力学问题中,把由于气动弹性效应引起的飞机及其部件在气流中发生的不衰减的且振幅相当大的振动称为颤振。对飞机颤振问题的理论分析与飞机颤振设计的工程实践表明,对于飞机来说,当飞行速度由小到大增加时,由扰动引起的振动会由衰减的变为发散的,即当飞机速度较小时,这种振动会很快衰减,随着飞行速度的增大,则衰减也相应减慢,当飞行速度达到某一个量值时,扰动所引起的飞机振动刚好维持飞机的等幅简谐振动,这个速度在颤振分析中称为颤振临界速度,简称颤振速度。若飞行速度继续增大,则扰动所引起的振动幅值就会持续扩大而成为发散振动,即发生了颤振。

机翼的颤振是由空气动力与结构间的相互耦合作用所引起的振动,这是由于在机翼振动过程中,弹性力与惯性力作为保守系统的内力总是处于平衡状态,因此,机翼在一个振动周期内的势能和动能之和保持为常数,如果要使机翼获得振动激励,只有从气流中获取能量,如果这个能量大于机翼的结构阻尼所消耗的能量,就会发生颤振。机翼作为一个弹性体,在振动中通常同时具有弯曲与扭转两种变形模态,称为弯扭耦合振动。由机翼弯扭耦合振动而导致的颤振,称为弯扭耦合颤振,下面以振动弹性机翼的一个典型剖面为对象,从定性的角度来分析其产生的机理。

设机翼剖面的重心位于其刚心之后,则机翼在受到扰动后产生的弯扭耦合振动情况如图7-8所示,图中偏离平衡位置的机翼由于弹性恢复力的作用而向下做加速运动,其惯性力(向上)通过重心,它会产生一个对机翼剖面刚心的低头力矩,使机翼在做弯曲运动的同时还会有扭转运动。记该机翼剖面的低头扭转角为θ,则机翼剖面在顺气流方向的攻角相应会减小θ,从而机翼剖面上产生一个向下的附加气动力 ΔL_{θ},它与机翼运动的方向相同,是促使机翼向下运动的力,也就是说,ΔL_{θ} 是激振力;同时机翼的弯曲振动,使机翼剖面做向下运动,机翼剖面向下的运动速度导致其周围的空气具有一个向上的相对风速 w,它使机翼与气流间原来相对速度的大小和方向都发生改变。设原来机翼与气流间的相对速度为 v,则如图7-8所示,由于弯曲振动带来的相对风速,结果相当于使机翼的气动攻角改变了 $\Delta\alpha$,相应地,机翼会受到一个附加气动力为 ΔL_{α},且它总是和机翼弯曲振动的方向相反,因此它具有阻尼力的性质,起到阻碍振动的作用。

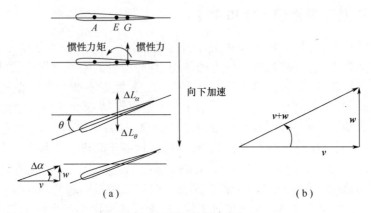

图7-8 机翼弯扭耦合颤振机理

总之,飞行中飞机的机翼在做弯扭振动时,会产生两种附加的气动力 ΔL_{θ} 和 ΔL_{α},两者的作用性质相反,ΔL_{θ} 是激振的,ΔL_{α} 是阻振的,而机翼后续的振动性质就与这两个附加气动力的相对大小有密切的关系。下面来分析这两种力与飞行速度 v 的关系。

按照空气动力学理论中的升力公式,由攻角 θ 所产生的附加气动力可表示为

$$\Delta L_{\theta} = \frac{1}{2}\rho v^2 S \frac{\partial C_{\mathrm{L}}}{\partial \alpha}\theta$$

$$= \frac{1}{2}\rho S \theta \frac{\partial C_{\mathrm{L}}}{\partial \alpha} v^2 \qquad (7-13)$$

即 ΔL_{θ} 与速度平方成正比。

由攻角 $\Delta\alpha$ 产生的附加气动力也可以用升力公式表示为

160

$$\Delta L_\alpha = \frac{1}{2}\rho v^2 S \frac{\partial C_L}{\partial \alpha}\Delta\alpha$$

$$= \frac{1}{2}\rho v^2 S \frac{\partial C_L}{\partial \alpha}\frac{w}{v}$$

$$= \frac{1}{2}\rho v S \frac{\partial C_L}{\partial \alpha}w \qquad (7-14)$$

即 ΔL_α 与飞行速度 v 成正比。将 ΔL_θ 和 ΔL_α 随 v 的变化规律定性地画成曲线,如图 7-9 所示,显然,$\Delta L_\theta - v$ 曲线是抛物线而 $\Delta L_\alpha - v$ 曲线是直线,记两者的交点处速度值为 v_F,则它将速度轴划分为两个范围,可以明显地看出,在速度范围 I 内,阻振力 ΔL_α 比激振力 ΔL_θ 大,因此在速度范围 I 内,机翼的振动是衰减的;而在速度范围 II 内,激振力 ΔL_θ 比阻振力 ΔL_α 大,机翼的振动会不断增大直至机翼结构发生破坏,即发生颤振;在 v_F 处,激振力与阻振力相等,机翼振动处于发散的临界状态而呈等幅简谐振动。速度 v_F 就是颤振临界速度。由此再次看到,机翼发生颤振是因为有附加气动力在对机翼进行激振的缘故,也就是说,颤振是在有气流不断输入能量给机翼的情况下才产生的,所以它与自由振动不同。另外,促使机翼振动发散的附加气动力,完全是由于机身本身弯扭耦合变形,形成相对气流才产生的,即激振力由运动直接引起,因而又与强迫振动有区别,它属于振动理论中所定义的自激振动。

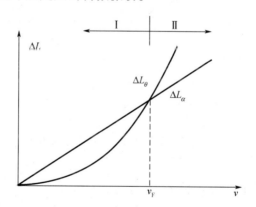

图 7-9　弯扭振动机翼上的附加气动力

总之,这里可以把弯扭耦合颤振的机理归结为:由于在气流中弹性机翼的弯曲、扭转两个自由度的惯性耦合,使弯曲运动引起扭转运动,而机翼成为一个能量转换开关,它将均匀来流的能量转换成具有往复振动性质的能量,从而导致机翼颤振的发生。

飞机的颤振还有许多类型,它们产生的机理有的可以根据基本的力学概念来定性地加以解释,然而,比较精确的分析还得借助于比较完善的气动力理论,结合各种颤振分析理论和方法通过数值计算来完成,有兴趣的读者可参阅相关参考文献。

7.3　机翼刚度方向与气弹性能的关系

图7－10(a)所示为未经剪裁的后掠机翼,其主刚度方向沿后掠角方向,取其中剖面 A—A,当机翼在升力作用下产生弯曲变形后,该剖面相对气流会附加一个低头的扭角,从而降低升力。这种弯扭耦合特性称为"外洗",显然,此时副翼操纵效率会发生降低。

而对于图7－10(b)而言,纤维方向相对主刚度方向进一步后掠,由于方向刚度的作用,使其剖面 A—A 在机翼向上弯曲同时,产生一个相对气流的抬头扭角,从而增加升力。这种弯扭耦合特性称为"内洗",显然,"内洗"可以提高副翼效率。

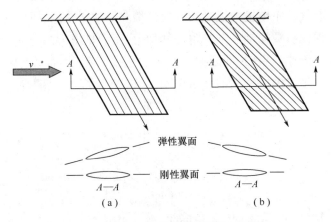

图7－10　方向刚度与弯扭耦合特性
(a) 外洗;(b) 内洗

根据相关研究,可总结得到图7－11所示的气动弹性剪裁设计功效示意图,即"外洗"通过调整方向刚度前掠,有利于机动载荷减缓,防止静发散,减小诱导阻力;而"内洗"通过调整方向刚度后掠,可提高舵效和升力效率,提高颤振速度。

以提高副翼舵效为目的,对复合材料机翼进行气动弹性剪裁设计,应使其刚轴向"内洗"方向移动。刚轴内洗效应使得机翼在弯曲的同时会发生抬头扭转,从而一定程度上减弱甚至抵消副翼偏转引起的机翼低头扭转效应,达到提高副翼舵效的目的。

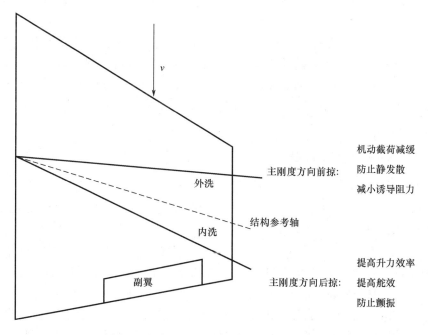

图 7-11　气动弹性剪裁设计的功效示意图

7.4　基于 NASTRAN 的大展弦比复合材料机翼气弹剪裁设计

　　气动弹性剪裁的理论基础主要包括两个方面,即力学特性和优化技术。力学特性主要指的是复合材料的各向异性特性以及层合板的刚度耦合特性。尤其重要的是弯扭刚度耦合,这种交叉耦合是气动弹性剪裁得以实现的基本因素。优化技术包括了各种数学规划法和优化准则法以及如今各种先进的优化算法,为了充分利用复合材料的刚度方向特性,必须根据层合板的各项参数所起的作用寻求优化组合。

　　国外早期的气动弹性剪裁综合程序有 TSO(机翼气动弹性综合程序)和FASTOP(飞机颤振和强度优化程序),TSO 是一个基本的设计工具,它以里兹法作为结构分析的近似方法,可使自由度数大幅度降低,设计目标为重量最轻,设计变量是复合材料蒙皮的各项铺层参数。FASTOP 是一个以有限元法为结构分析工具的程序,它是分步进行优化设计的。

　　目前,在商用计算软件中,美国的 MSC. NASTRAN、法国的 ELFINI、俄罗斯的 ARGON 都可以进行气动弹性剪裁设计,以 MSC. NASTRAN 的用户最多。中国飞机强度研究所开发的 COMPASS 软件也可以在综合考虑静力、动力、静气弹性和颤振约束的情况下,对复合材料翼面结构进行结构优化设计。鉴于

MSC. NASTRAN 具有较为丰富的单元库,且应用较为广泛,本节研究选择采用 MSC. NASTRAN 作为优化设计研究的主要工具。

以大展弦比长直机翼为研究对象,以机翼上下蒙皮和前后梁腹板的复合材料层合板分层厚度为设计变量,以舵面效率、发散特性、强度等为设计约束进行结构重量最轻的气弹剪裁优化设计。为研究刚度方向对气弹特性的影响,对蒙皮的铺层比例进行了变参分析。最后以 NASTRAN 为优化工具,进行优化计算。

7.4.1 NASTRAN 优化模块

在 NASTRAN 中,完成一个优化问题的设置需要以下几个步骤:

(1) 指定分析类型。在执行控制段,用 SOL 200 来调用设计灵敏度与优化求解序列。NASTRAN 支持多个子工况的优化分析,从而可对每个子工况指定不同的分析类型。在工况控制段,子工况的分析类型由 ANALYSIS 命令指定。NASTRAN 支持的分析类型有静力分析 STATICS、正则模态分析 MODES、屈曲分析 BUCK、直接复特征值分析 DCEIG、直接频率响应分析 DFREQ、模态复特征值分析 MCEIG、模态频率响应分析 MFREQ、模态瞬态响应 MTRAN、静气动弹性分析 SAERO 和颤振分析 FLUTTER,如 ANALYSIS = SAERO 指定分析类型为静气动弹性分析。

(2) 定义设计变量并将设计变量与结构中对应的量相关联。在数据段,设计变量由 DESVAR 卡定义。若设计变量为结构属性,用 DVPREL1 卡或 DVPREL2 卡定义;若设计变量为结构形状,则用 DVGRID 卡、DVBSHAP 卡或 BNDGRID 卡定义。

(3) 定义设计响应。在数据段,设计响应用 DRESP1 卡或 DRESP2 卡定义。在工况控制段,可用 DESOBJ 命令选取某一响应作为优化问题的设计目标。

(4) 定义约束。在数据段,约束用 DCONSTR 卡或 DCONADD 卡定义。在工况控制段,可用 DESSUB 命令从 DCONSTR 卡定义的约束中选取应用于某个子工况的约束。

(5) 设计优化计算控制参数。在数据段,优化控制参数用 DOPTPRM 卡或 DSCREEN 卡指定。

NASTRAN 中的设计敏感度与优化求解序列 SOL 200 不仅提供了结构优化能力,而且还提供了气动弹性优化的能力,其中包括静气动弹性优化和动气动弹性优化。在气动弹性优化问题中,一般以结构重量作为优化目标。气动弹性约束包括静气动弹性响应方面的约束,比如稳定性导数、副翼效率和配平变量等。动气动弹性方面的约束主要是指对颤振亚临界阻尼的约束。除上述约束条件外,还可以施加结构静力学和结构动力学方面的约束,如位移、应力、应变约束为结构静力学约束以及瞬态响应、固有频率等结构动力学约束[6-8]。

164

7.4.2 算例

基准模型机翼展向长度为12000mm,翼盒弦向长度为1200mm,翼盒高度为100mm,内副翼的展向长度为7200mm,弦向长度为260mm,外副翼展向长度为4800mm,弦向长度为260mm,上下蒙皮、前中后梁腹板及肋腹板材料均用T300/QY8911铺成的复合材料,铺层顺序为0°/+45°/−45°/90°,上下蒙皮各方向铺层的厚度均为2.7mm,前中后梁腹板及肋腹板各方向铺层的厚度均为2.5mm。基准状态机翼有限元模型如图7-12所示,其气动升力面网格模型如图7-13所示。

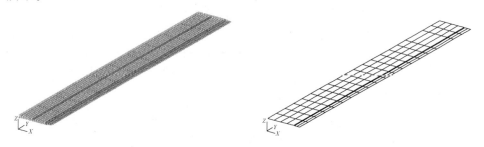

图 7-12　机翼有限元模型　　　　图 7-13　气动升力面网格模型

T300/QY8911复合材料的基本参数为$E_1 = 135\text{GPa}$,$E_2 = 8.8\text{GPa}$,泊松比为0.33,$G_{12} = 4.5\text{GPa}$,密度$\rho = 1760\text{kg/m}^3$,$X_1 = 1548\text{MPa}$,$X_c = 1226\text{MPa}$,$Y_1 = 55.5\text{MPa}$,$Y_c = 218\text{MPa}$,面内抗剪强度$S = 89.9\text{MPa}$。

本算例针对复材部件即上下蒙皮与前后梁腹板进行了减重优化设计,其基准参数状态下对应的总质量为589.7kg。在攻角为0.05rad/s、计算动压为25kPa的情况下,其外副翼效率为0.1745/0.4362 = 0.4。

为考察各参数对舵效及发散特性的影响,分别进行了上下蒙皮总厚度、上下蒙皮±45°铺层比例、0°和+45°层比例以及0°和−45°层比例变参计算分析。

1. 上下蒙皮总厚度变参分析

同时将上下蒙皮各铺层总厚度调整为基准值的0.5~1.9倍,所得副翼效率及发散动压和反效动压对应结果见表7-1。

表 7-1　副翼效率随上下蒙皮厚度变化

蒙皮厚度系数	外副翼效率	发散动压/Pa	反效动压/Pa
0.5	−1.22	3.15×10^4	2.02×10^4
0.6	−0.372	3.60×10^4	2.25×10^4
0.7	0.0199	4.02×10^4	2.48×10^4
0.8	0.179	4.44×10^4	2.70×10^4
0.9	0.308	4.84×10^4	2.92×10^4
1	0.400	5.23×10^4	3.14×10^4

蒙皮厚度系数	外副翼效率	发散动压/Pa	反效动压/Pa
1.1	0.470	5.60×10^4	3.35×10^4
1.2	0.524	5.97×10^4	3.55×10^4
1.3	0.569	6.32×10^4	3.76×10^4
1.4	0.605	6.66×10^4	3.96×10^4
1.5	0.637	6.99×10^4	4.15×10^4
1.6	0.663	7.31×10^4	4.35×10^4
1.7	0.686	7.62×10^4	4.54×10^4
1.8	0.707	7.92×10^4	4.73×10^4
1.9	0.725	8.22×10^4	4.92×10^4

从表 7-1 可以看出,随着蒙皮厚度的增加,外副翼效率、发散动压、反效动压都在增加。注意到在蒙皮厚度较小的情况下外副翼效率会出现负值,其主要原因是计算动压为 25kPa,大于对应状态下的反效动压,外副翼实际上已经发生反效,因此其效率为负值。

2. 上下蒙皮 ±45°铺层比例变参分析

同时将上下蒙皮 ±45°铺层比例进行调整,使得 +45°层厚度占 ±45°铺层总厚度的比例系数为 0.1~0.9,计算所得副翼效率及发散动压和反效动压对应结果见表 7-2。

表 7-2 副翼效率随上下蒙皮 ±45°铺层比例的变化

+45°层比例	外副翼效率	发散动压/Pa	反效动压/Pa
0.1	-0.788	2.02×10^4	3.06×10^4
0.15	-1.67	2.23×10^4	3.11×10^4
0.2	-1.68	2.47×10^4	3.15×10^4
0.25	2.49	2.74×10^4	3.18×10^4
0.3	1.22	3.05×10^4	3.19×10^4
0.35	0.820	3.42×10^4	3.19×10^4
0.4	0.6.17	3.87×10^4	3.18×10^4
0.45	0.490	4.45×10^4	3.16×10^4
0.5	0.400	5.23×10^4	3.14×10^4
0.55	0.330	6.36×10^4	3.10×10^4
0.6	0.274	8.31×10^4	3.05×10^4
0.65	0.225	4.79×10^5	3.00×10^4
0.7	0.181	4.75×10^5	2.94×10^4
0.75	0.142	4.72×10^5	2.87×10^4

+45°层比例	外副翼效率	发散动压/Pa	反效动压/Pa
0.8	0.105	4.70×10^5	2.79×10^4
0.85	0.0701	4.68×10^5	2.70×10^4
0.9	0.0363	4.67×10^5	2.61×10^4

从表 7 - 2 可以看出,当 +45°层的比例小于 0.35 时,反效动压均大于发散动压,根据静气弹基本理论,此时的发散动压对应于实际的反效动压,当计算动压低于发散动压时,副翼效率大于 1。在 +45°层的比例小于 0.25 时,计算动压超过发散动压,故而副翼反效。在 +45°层的比例为 0.3 时,由于发散动压大于反效动压,且计算动压低于发散动压,故而副翼效率大于 1。随着 +45°层厚度的继续增加,发散动压超过反效动压,外副翼的效率逐渐减小,可以看出,随着 +45°层厚度的增加,后掠效应趋于明显。

3. 上下蒙皮 0°和 +45°铺层比例变参分析

同时将上下蒙皮 0°和 +45°铺层比例进行调整,使得 0°层厚度占 0°和 +45°铺层总厚度的比例系数为 0.1~0.9,所得副翼效率及发散动压和反效动压对应结果见表 7 - 3。

表 7 - 3　副翼效率随上下蒙皮 0°层厚度比例变化

0°层比例	外副翼效率	发散动压/Pa	反效动压/Pa
0.1	0.344	5.84×10^5	3.52×10^4
0.2	0.357	5.61×10^5	3.44×10^4
0.3	0.370	9.29×10^4	3.35×10^4
0.4	0.384	6.68×10^4	3.25×10^4
0.5	0.400	5.23×10^4	3.14×10^4
0.6	0.421	4.23×10^4	3.00×10^4
0.7	0.454	3.48×10^4	2.86×10^4
0.8	0.550	2.88×10^4	2.69×10^4
0.9	- 0.0544	2.39×10^4	2.51×10^4

从表 7 - 3 可以看出,随着 0°层比例的增加,外副翼效率在增加,而发散动压和反效动压都在减小;而当 0°层厚度比例为 0.9 时,发散动压小于 25kPa,从而使得外副翼反效。

4. 上下蒙皮 0°和 -45°铺层比例变参分析

同时将上下蒙皮 0°和 -45°铺层比例进行调整,使得 0°层厚度占 0°和 -45°铺层总厚度的比例系数为 0.1~0.9,所得副翼效率及发散动压和反效动压对应结果见表 7 - 4。

表 7 - 4　副翼效率随上下蒙皮 0°层厚度比例变化

0°层比例	外副翼效率	发散动压/Pa	反效动压/Pa
0.1	1.16	3.61×10^4	3.83×10^4
0.2	0.911	3.90×10^4	3.67×10^4
0.3	0.712	4.24×10^4	3.50×10^4
0.4	0.546	4.67×10^4	3.32×10^4
0.5	0.400	5.23×10^4	3.14×10^4
0.6	0.267	6.02×10^4	2.94×10^4
0.7	0.142	7.33×10^4	2.74×10^4
0.8	0.0195	1.07×10^5	2.53×10^4
0.9	-0.103	无	2.31×10^4

　　从表 7 - 4 可以看出,随着 0°层比例的增加,外副翼效率在减小,而发散动压在增大,反效动压在减小;而当 0°层厚度比例增大到 0.9 时,反效动压小于25kPa,从而使得外副翼效率为负值。

　　完成以上变参分析后,以质量最小为目标进行了优化设计分析。对上蒙皮进行了分区,其示意图如图 7 - 14 所示,下蒙皮的分区与上蒙皮一致,前后梁腹板分区边界与蒙皮分区边界相对应,前后梁腹板分别分成 3 个区,上下蒙皮分别分成 6 个区,每个区的 4 个方向铺层厚度均作为设计变量,共计 72 个设计变量,其初始值和上下限见表 7 - 5。

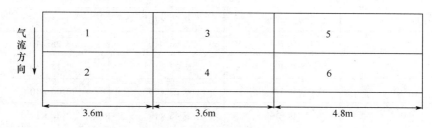

图 7 - 14　上、下蒙皮分块示意图

　　在 NASTRAN 中,针对 Ma = 0.6,动压 25kPa 进行优化设计。采用约束如下:

（1）副翼效率不低于 0.4。

（2）各铺层厚度沿展向由内到外递减。

（3）静强度约束 FP < 0.85(Tsai - Wu 强度准则)。

（4）翼尖挠度小于 2.5m。

（5）上、下蒙皮和前后梁腹板各角度铺层初始厚度和优化上下限见表 7 - 5。

168

表 7-5　设计变量的初始值和上下限

部件	分区编号	铺层厚度/mm		
		初始值	上限值	下限值
上、下蒙皮	1、2	2.5	7	1
	3、4	2	7	0.5
	5、6	1.5	7	0.2
前、后梁腹板	1	2.5	7	0.1
	2	2	7	0.1
	3	1.5	7	0.1

优化迭代历程如图 7-15 所示,经过 65 步后计算收敛,复合材料部件在优化后的重量为 511.7kg,减轻了 13.2%。翼尖最大挠度为 2.5m,副翼效率为 0.402,均满足设计要求。

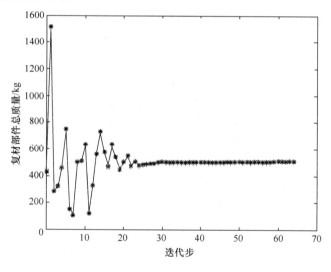

图 7-15　重量迭代历程

7.5　复合材料翼盒颤振特性分析及多目标优化设计

本节将 3 个具有不同上下蒙皮厚度的翼盒作为研究对象,研究了沿展向蒙皮厚度变化的复合材料翼盒的铺层角对颤振速度的影响。在研究过程中,使用了 3 种不同的设计变量方案通过优化结果研究了设计变量方案对优化的影响。为研究每段对整个翼盒的颤振速度的影响,将整个复合材料翼盒结构沿展向分为 5 段,对翼盒的每一段分别进行剪裁,研究了不同厚度分布的翼盒各段对整体翼盒颤振特性的影响。同时考虑翼盒的颤振速度和翼盒整体弯曲刚度进行了多目标优化设计。通过传统的多目标算法和多目标遗传算法分别对翼盒进行优化设计,分析算法的优、缺点,最后得到柏拉图解。

7.5.1 模型和分析方法

将复合材料翼盒结构作为机翼的主承力结构进行研究,该翼盒结构沿展向分为5段,每段由4个薄板构成,分别为上蒙皮、下蒙皮、前梁腹板和后梁腹板,均为对称层合板。翼盒整体结构和翼根段的详图如图7-16和图7-17所示,材料属性见表7-6。

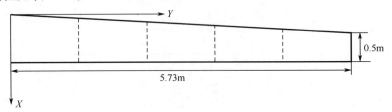

图 7 - 16 翼盒几何外形

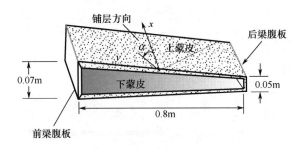

图 7 - 17 翼盒根部截面几何外形参数

表 7 - 6 材料弹性常数及强度常数

横向弹性模型 E_1/GPa	纵向弹性模型 E_2/GPa	泊松比 v_{12}	剪切模量 G_{12}/GPa	横向拉伸强度 X_t/MPa	纵向拉伸强度 Y_t/MPa	横向压缩强度 X_c/MPa	纵向压缩强度 Y_c/MPa	剪切强度 S/MPa	密度 ρ/(kg/m³)
130	9	0.28	4.8	1370	42	1000	200	60	1610

MSC. NASTRAN 提供3种颤振分析方法可供选择:美国方法(K法)、更有效的美国方法(KE法)和英国方法(P-K法)。同其他两种方法比较,P-K法的优点在于它能够直接对给定的速度值给出结果,而K法和KE法却需要通过反复迭代才能确定颤振的缩减频率。P-K法的另一个优点是当需要考查某一设定速度的气弹稳定性时,只需要很少的几次特征值分析就可以得到结果。因此本章采用P-K法进行颤振速度的计算。计算非定常空气动力采用升力面理论,样条函数采用线性样条。此外,在NASTRAN的颤振计算中必须选取足够的

模态阶数才能得到准确的颤振速度。本书中的模态分析采用 Lanczos 方法。选择的模态应该是能够影响颤振特性的整体模态,本章中选择翼盒的前 5 阶。前 5 阶一般包括了结构的弯曲、扭转和弯扭耦合模态,其足够为颤振计算提供可接受的精度。采用 P - K 法计算颤振速度,减缩频率 k 在 $0.01 \sim 8.0$ 之间选取,取 $Ma = 0.1$ 时进行分析,速度序列为 $0 \sim 800 \text{m/s}$,速度间隔为 50m/s。

7.5.2 使用多岛遗传算法优化翼盒颤振速度

为研究翼盒蒙皮沿展向厚度变化对翼盒颤振速度的影响,本书对 3 种不同厚度分布的翼盒进行了颤振特性研究。但须注意的是,本书中翼盒各分段的蒙皮厚度不同,但翼盒总重量不变,即翼盒在保持恒重的前提下,改变蒙皮的厚度分布,这样就可以消除翼盒不同重量对颤振速度的影响而专注于蒙皮厚度的不同分布对颤振特性的影响进行研究。详细的蒙皮厚度数据见表 7 - 7。

表 7 - 7 翼盒每段上下蒙皮厚度

翼盒	分段 1 蒙皮厚度/mm	分段 2 蒙皮厚度/mm	分段 3 蒙皮厚度/mm	分段 4 蒙皮厚度/mm	分段 5 蒙皮厚度/mm
1	4.000	4.000	4.000	4.000	4.000
2	5.000	4.500	3.900	3.400	2.800
3	5.70	4.700	3.800	2.900	1.900

1. 多岛遗传算法

采用多岛遗传算法对翼盒颤振速度进行优化设计。优化算法大体上分为传统优化算法和智能优化算法两种。遗传算法属于智能优化算法,它是模拟生物在自然环境中的遗传和进化过程而形成的一种自适应的全局优化概率,具有鲁棒性的搜索算法,可以解决复杂的大尺度、多变量非线性反演问题。与传统的优化算法相比,遗传算法主要有以下特点:以决策变量的编码作为运算对象;具有隐含并行性;直接以适应度值作为搜索信息,无需其他辅助信息;使用概率搜索技术,而非确定性规则。多岛遗传算法(MIGA)建立在传统遗传算法(TGA)基础上。多岛遗传算法不同于传统遗传算法的特点是每个种群的个体被分成几个子群,这些子群称为"岛"。传统遗传算法的所有操作,如选择、交叉、变异分别在每个岛上进行,每个岛上选定的个体定期地迁移到另外岛上,然后继续进行传统遗传算法操作。多岛遗传算法和传统遗传算法相邻两代之间的进化过程比较如图 7 - 18 所示。迁移过程由两个参数进行控制,分别为迁移间隔和迁移率。迁移间隔表示每次迁移的代数;迁移率决定了在一次迁移过程中每个岛上迁移的个体数量的百分比。多岛遗传算法中的迁移操作保持了优化解的多样性,提高了包含全局最优解的机会。多岛遗传算法在优化过程中,首先利用初始值进行优化操作,初步达到收敛后,由于变异和迁移作用,在一个新的初值点开始重新进行遗传操作,如此重复操作,因此尽可能避免局部最优解,从而抑制了早熟现象的发生[9,10]。

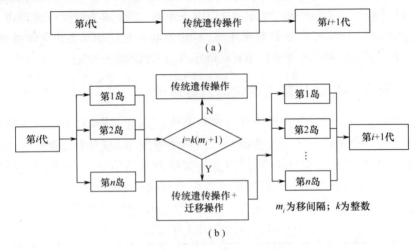

图 7-18 传统遗传算法和多岛遗传算法相邻两代之间的进化流程

(a) 传统遗传算法;(b) 多岛遗传算法。

k——整数;m_i——迭代代数。

采用上述多岛遗传算法解决的优化问题模型为

$$\max \quad v_f(x)$$
$$\text{s. t.} \quad x \in \{A|\alpha_1,\alpha_2,\cdots,\alpha_n|\} \qquad (7-15)$$
$$\alpha_i \in [-90,90] \quad 1\leqslant i\leqslant n$$

$\alpha_i(i=1,2,\cdots,n)$ 为翼盒蒙皮和腹板的铺层角度。

2. 设计变量方案的设置

设计变量是优化设计中 3 个重要因素之一。不同的设计变量方案会给优化设计提供不同的设计空间,从而导致不同可优化结果。为研究不同设计空间对颤振速度的影响,本节采用 3 种设计变量方案分别对翼盒进行优化设计。

方案一:将翼盒上蒙皮、下蒙皮、前梁腹板和后梁腹板均分别考虑为一个整体的层合板。将 4 块层合板的每层铺层角度作为单独的设计变量。即在优化过程中,沿展向的 5 块层合板具有不同的厚度但具有相同的铺层角度。设每块层合板有 8 层,对称铺层,每层具有相同的厚度。因此,本方案中,设计变量数为 $4\times4=16$。

也有学者将沿展向的 5 块层合板的每层铺层角度都同时作为设计变量。这样设计变量就变成 $4\times4\times5=80$。作者认为,这样处理的缺点在于:

1) 由于沿展向的 5 段小翼盒被分别优化,最终得到的各分段中 4 块层合板的最优铺层布局必然是不同的。这样得到的结果对于相邻两分段的层合板制造和连接又带来了新的困难,可以说对工程实际意义不大。

172

2）将 5 段小翼盒的铺层角同时优化将产生 80 个设计变量,这样对于优化来说会带来高昂的计算代价,而且很容易产生局部最优解。

文献[11]比较两种设计变量方案的优化结果,发现最终得到的优化后颤振速度并没有太大的不同,即虽然采用这种 80 个设计变量的方案的设计空间要远远大于采用 16 个设计变量的方案,但是并没有对优化结果产生很可观的效益。

方案二:工程实际中,由于工程师要考虑多种工况下的设计安全性,根据层合板设计规范,在层合板设计中每层应该保持一个最小厚度。本方案中,层合板的铺层被分为两部分:一部分是考虑安全性的 $0°$、$±45°$、$90°$ 铺层,即每块层合板中具有最小厚度的 $0°$、$±45°$、$90°$ 铺层;另一部分是层合板的主刚度方向铺层。假设层合板的其他铺层具有相同的铺层方向,并称该方向为层合板的主刚度方向。翼盒沿展向分为 5 段,每段由 4 块层合板组成,因此该方案的设计变量数为 $5 × 4 = 20$。采用该种设计变量方案的优点有二:一是可以在设计中充分考虑了复合材料结构的安全性;二是得到的主刚度方向可以很直观地表示翼盒各壁板的刚度剪裁方向,为工程设计提供指导性的设计方案。

方案三:类似于方案二。每块层合板的主刚度方向作为设计变量。但是在设计过程中,5 段的主刚度方向要求保持一致。因此本方案中,设计变量数减少为 4。

通过对三种厚度分布的翼盒(表 7 − 8)分别用 3 种设计变量方案进行优化设计,可以得到如下 9 个设计优化模型。

模型 1.1:本模型的研究对象为 1 号翼盒,优化中采用的设计变量方案为方案 1。翼盒的上下蒙皮和前后梁腹板初始状态均为准各向同性层合板,即铺层为 $[+45°/0°/-45°/90°]_s$,每层厚度为 $0.5\,mm$。

模型 1.2:本模型的研究对象为 1 号翼盒,优化中采用的设计变量方案为方案 2。如方案 2 所述,层合板的铺层为 $[+45/0/-45/90/]_s$,$α$ 就是层合板主刚度方向。假设在每块层合板中 0、$±45$、90 层都是 $0.125\,mm$。在初始状态中,令 $α = 20°$。因此,翼盒中层合板的初始铺层可表示为 $[+45/0/-45/90/20]_s$。需要注意的是:这里 0、$±45$、90 层的厚度是 $0.125\,mm$,$α$ 层的厚度为层合板总厚度减去 0、$±45$、90 层的厚度。

模型 1.3:本模型的研究对象为 1 号翼盒,优化中采用的设计变量方案为方案 3,其具有和模型 1.2 中相同的初始铺层。

3. 计算结果及讨论

多岛遗传算法在上述 3 个模型中的参数选择如下:交叉率为 1.0;变异率为 0.01;迁移概率为 0.5;迁移间隔为 5。3 个工况均设置 5 个岛,但是每个模型设置了不同的种群数和优化代数。模型 1.1、1.2 和 1.3 的种群数分别为 20、30 和 10。优化代数分别为 50、40 和 40。对于计算翼盒的翼尖变形量,假设在翼尖处施加 1400N 的 Z 向载荷。优化结果见表 7 − 9。从表中可看出,3 个模型优化后的颤振速度分别为 208.4m/s、180.0m/s 和 151.4m/s。同翼盒的初始铺层相比,优化后颤振速度有明显增加。但是也应该注意到优化后翼尖的变形位移分别由原来的 0.376m、0.3m、0.3m 变为 0.754m、0.614m 和 0.79m。因此可以说,该算例颤振速度的提高是以机翼的整体弯曲刚度损失作为代价的。工况 1.1~1.3 优化结果如表 7-9 所列。

表 7-9 1 号翼盒优化结果

模型	优化后铺层/(°)	优化前颤振速度 $v_{f,init}$ /(m/s)	优化后颤振速度 $v_{f,opti}$ /(m/s)	优化前机翼挠度 D_{init} /m	优化后机翼挠度 D_{opti} /m
1.1	前梁腹板[-80.7/18.8/37.0/-20.9]$_s$ 下蒙皮[86.0/-44.9/48.8/-24.0]$_s$ 后梁腹板[-66.5/59.1/-24.67/31.3]$_s$ 上蒙皮[77.38/-41.4/-36.48/-60.1]$_s$	113.900	208.400	0.376	0.754
1.2	前梁腹板主刚度方向 [-32.56/-18.49/-58.96/74.3/16.4] 下蒙皮主刚度方向 [34.4/70.2/-42.59/-25.0/8.39] 后梁腹板主刚度方向 [66.1/-22.0/53.85/-3.45/35.2] 上蒙皮主刚度方向 [-37.4/-31.7/-82.37/-82.0/-47.68]	112.100	180.000	0.300	0.614
1.3	前梁腹板主刚度方向[-56.0] 下蒙皮主刚度方向[60.66] 后梁腹板主刚度方向[-41.58] 上蒙皮主刚度方向[-53.4]	112.100	151.400	0.300	0.79

模型 2.1~2.3 和模型 3.1~3.3 的设置与模型 1.1~1.3 类似。每个子模型选择相应的设计变量方案,所不同的是,研究对象分别变为 2 号翼盒和 3 号翼盒。模型的初始铺层和多岛遗传算法的参数设置同模型 1 的子模型相同。优化结果见表 7-10 和表 7-11。

从表 7-10 和表 7-11 可以发现与模型 1 中相同的趋势——颤振速度增加,机翼整体弯曲刚度下降。同时还可以看出,通过不同的设计变量方案优化得到的最优翼盒层合板铺层也是不同的。比较 3 种设计变量方案,方案 1 的搜索空间是最大的,因此利用方案 1 得到的最大颤振速度大于利用其他两种设计变量方案得到的最大颤振速度。

174

表 7-10 2号翼盒优化结果

模型	优化后铺层/(°)	优化前颤振速度 $v_{f,init}$/(m/s)	优化后颤振速度 $v_{f,opti}$/(m/s)	优化前机翼挠度 D_{init}/m	优化后机翼挠度 D_{opti}/m
2.1	前梁腹板[67.8/ -59.48/ -82.4/51.4]ₛ 下蒙皮[-74.0/82.4/ -25.6/46.7]ₛ 后梁腹板[-6.3/ -56.75/58.36/5.98]ₛ 上蒙皮[82.3/ -87.4/ -35.7/ -43.4]ₛ	75.960	185.900	0.319	0.723
2.2	前梁腹板主刚度方向： [70.3/62.1/ -67.87/ -74.85/10.1]ₛ 下蒙皮主刚度方向 [29.2/63.65/ -40.48/ -86.88/ -69.8] 后梁腹板主刚度方向 [-41.1/ -28.1/38.3/48.38/54.4] 上蒙皮主刚度方向 [-34.08/ -33.46/ -28.0/ -57.55/ -67.57]	107.600	168.400	0.285	0.557
2.3	前梁腹板主刚度方向[23.2] 下蒙皮主刚度方向[-36.9] 后梁腹板主刚度方向[27.0] 上蒙皮主刚度方向[-29.36]	107.600	150.300	0.285	0.544

表 7-11 3号翼盒优化结果

模型	优化后铺层/(°)	优化前颤振速度 $v_{f,init}$/(m/s)	优化后颤振速度 $v_{f,opti}$/(m/s)	优化前机翼挠度 D_{init}/m	优化后机翼挠度 D_{opti}/m
3.1	前梁腹板[0.97/30.38/56.58/ -9.76]ₛ 下蒙皮[88.08/37.69/75.3/25.86]ₛ 后梁腹板[16.9/88.17/ -43.65/ -6.7]ₛ 上蒙皮[62.6/78.5/ -87.36/37.7]ₛ	55.400	166.470	0.356	0.741
3.2	前梁腹板主刚度方向 [-20.9/16.9/55.5/38.1/ -71.86]ₛ 下蒙皮主刚度方向 [-78.36/ -68.5/ -19.56/8.7/49.1] 后梁腹板主刚度方向 [-56.26/ -80.3/9.9/37.85/83.97] 上蒙皮主刚度方向 [-35.9/ -6.95/75.88/7.2/ -25.9]	71.200	118.000	0.313	0.562

175

模型	优化后铺层/(°)	优化前颤振速度 $v_{f,init}$/(m/s)	优化后颤振速度 $v_{f,opti}$/(m/s)	优化前机翼挠度 D_{init}/m	优化后机翼挠度 D_{opti}/m
3.3	前梁腹板主刚度方向[12.8] 下蒙皮主刚度方向[22.47] 后梁腹板主刚度方向[-17.7] 上蒙皮主刚度方向[-40.4]	71.200	116.750	0.313	0.462

研究翼盒上下蒙皮不同的厚度分布对颤振速度的影响,从结果看,显然沿展向等厚度分布的翼盒通过优化铺层角得到的颤振速度大于其他两种厚度分布的翼盒优化后的颤振速度。从表 7-10 看出,2 号翼盒 3 种设计变量方案优化后的最大颤振速度差异相对于其他两种翼盒的优化结果最小。这种结果暗示出设计变量方案对不同厚度分布的翼盒颤振速度优化的结果影响不同。

通过表 7-12 观察设计变量方案 2 和方案 3 对不同蒙皮厚度分布的翼盒颤振速度的影响。

表 7-12 设计变量方案优化结果比较

翼盒	设计变量方案 1 优化后颤振速度/(m/s)	设计变量方案 2 优化后颤振速度/(m/s)	两种设计变量方案优化后颤振速度的差异/(m/s)
1	180.000	151.400	28.600
2	168.400	150.300	18.100
3	118.000	116.750	1.250

通过表 7-12 可看出,蒙皮沿展向变薄越快,采用设计变量方案 2 和方案 3 得到的优化结果差异越小,即蒙皮沿展向厚度变化越大时,对翼盒进行分段优化主刚度轴带来的效益越不明显。因此,为提高设计效率,对蒙皮厚度沿展向变化较大的翼盒结构,本章推荐使用设计变量方案 3。

7.5.3 各段翼盒铺层参数对整体机翼的颤振速度影响

为研究各个分段小翼盒对整体机翼颤振速度的影响,本节将各段翼盒的主刚度方向单独作为设计变量,进行优化设计。当一段翼盒被作为研究对象时,其主刚度方向作为设计变量,其他各分段翼盒保持初始铺层不变。

1 号、2 号和 3 号翼盒分别在优化模型 4、5 和 6 中作为研究对象。翼盒沿展向被分为 5 段,编号分别为 1~5。模型 4、5 和 6 中均有 5 个子模型,每个子模型均单独研究 5 段小翼盒中的一个翼盒铺层参数对整体机翼颤振速度的影响。这些模型均采用设计变量方案 2,层合板的初始铺层为「+45/0/-45/90/20」_s。优化后结果见表 7-13 至表 7-15。

表 7-13　模型 4 优化结果

优化后主刚度方向/(°)	模型 4.1	模型 4.2	模型 4.3	模型 4.4	模型 4.5
前梁腹板	-35.9	-19.4	-1.5	2.2	71.6
下蒙皮	-17.6	24.4	11.8	8.8	9.4
后梁腹板	-56.2	23.1	89.3	-81.1	19.5
上蒙皮	15.6	50.4	11.5	8.4	9.8
优化后颤振速度/(m/s)	134.3	118.4	117.6	115.1	112.4

从上述数据看,对于沿展向具有相同蒙皮厚度的翼盒,其翼根部翼盒铺层参数对机翼颤振速度影响最大。并且从翼根到翼尖的影响逐渐变小。

表 7-14　模型 5 优化结果

优化后主刚度方向/(°)	模型 5.1	模型 5.2	模型 5.3	模型 5.4	模型 5.5
前梁腹板	51.0	-34.0	53.1	-88.5	-88.4
下蒙皮	17.9	34.9	33.1	-87.4	-86.2
后梁腹板	17.0	30.9	40.8	-82.2	85.8
上蒙皮	-4.5	33.3	30.4	-83.0	-85.3
优化后颤振速度/(m/s)	110.9	108.7	108.4	112.2	134.7

表 7-15　模型 6 优化结果

优化后主刚度方向/(°)	模型 6.1	模型 6.2	模型 6.3	模型 6.4	模型 6.5
前梁腹板	-13.4	-76.8	-3.0	-19.8	67.6
下蒙皮	27.7	34.0	-83.0	-86.1	89.7
后梁腹板	-39.0	14.1	-0.2	73.0	49.4
上蒙皮	-27.5	33.6	-48.7	-20.8	-85.4
优化后颤振速度/(m/s)	104.0	75.4	84.1	105.8	100.5

把模型 4 的结果和模型 5、模型 6 相比较,模型 5 和模型 6 中颤振速度并不像模型 4 那样从翼根段到翼尖段的影响逐渐变小。虽然翼根段仍然起很大作用。但第 4 段和第 5 段的铺层参数在 2 号和 3 号翼盒的整体颤振优化中的影响也十分重要。因此,可以得出结论,对于沿展向蒙皮厚度逐渐变小的复合材料机翼,有时对翼尖段层合板进行剪裁可以对机翼整体颤振特性有很大提高。上述模型的优化结果如图 7-19 所示。

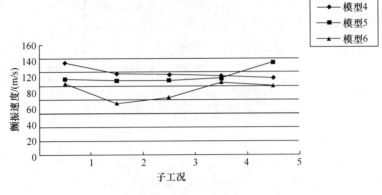

图 7 - 19　模型 4 ~ 6 的颤振速度比较曲线

7.5.4　翼盒多目标优化

通过上述研究结果,可以看出翼盒的颤振速度经过优化后会有大幅度提高,但是经过颤振优化后的翼尖挠度也有一定的增大。也就是说,翼盒的颤振速度提高会导致机翼的弯曲刚度下降。同时也注意到翼盒的翼尖位移并不是和翼盒颤振速度成线性关系变化的。因此在设计时应该同时考虑颤振速度和机翼的整体弯曲刚度。

本节首先通过经典方法处理同时考虑翼盒颤振速度最大和机翼翼尖挠度最小的多目标优化问题。首先将多目标优化问题转化为单目标优化问题。构造新的目标函数,目标函数应包含所有的目标。并在目标函数中设置权重因子,通过该因子调节各目标在新目标函数中的权重。

在多目标优化问题中,如果决策者事先对各个目标$f_i(x)(i=1,2,\cdots,m)$给出期望目标值$\overline{f_i}$,使之满足

$$\overline{f_i} \leqslant \min f_i(x) \quad i=1,2,\cdots,m \tag{7-16}$$

则称$\overline{f} = (\overline{f_1}, \overline{f_2}, \cdots, \overline{f_m})^{\mathrm{T}}$为理想点。理想点法是求在目标空间中求某种范数意义下离该理想点最近的可行解,即求$x \in X$,使

$$\min h(f(x)) = \min \| f(x) - \overline{f} \| \tag{7-17}$$

采用 P - 模函数来描述偏差,即

$$d_p(f(x), \overline{f}; w) = \left[\sum_{i=1}^{m} w_i | f_i(x) - \overline{f_i} |^p \right]^{1/P} \tag{7-18}$$

本书中,取$p=2$,$\overline{f_i}$为单目标优化值,w_i为第i个目标的权值。

由于本书中两个目标函数不在同一数量级上,因此还需对目标函数进行归一化处理,即

$$d_2(f(x),\bar{f};w) = \left[\sum_{i=1}^{m} w_i \left|\frac{f_i(x) \quad \bar{f_i}}{f_i}\right|^2\right]^{1/2} \tag{7-19}$$

则该多目标优化模型可转化为

find $\quad X = (x_1,x_2,\cdots,x_n)$

$$\min \quad d_2(X,\bar{f};w) = \left[\sum_{i=1}^{2} w_i \left|\frac{f_i(x)-\bar{f_i}}{f_i}\right|^2\right]^{1/2} \tag{7-20}$$

s. t. $\quad -90 \leqslant x_i \leqslant 90 \quad 1 \leqslant i \leqslant n$

式中:$f_1(x)$ 为铺层参数为 x 的翼盒颤振速度;$f_2(x)$ 为铺层参数为 x 的翼盒翼尖挠度;$\bar{f_1}$ 和 $\bar{f_2}$ 分别为单目标优化得到的最大颤振速度和最小翼尖挠度。

取设计变量方案 1,采用上述多目标优化方法对 2 号翼盒进行优化设计。单目标优化得到的最大颤振速度和最小翼尖挠度分别作为两个目标的理想点。仍然采用多岛遗传算法作为优化算法。算法参数设置如下:种群数 10,岛数 5,进化代数 100。计算结果见表 7 - 16。

表 7 - 16 优化结果

权重因子	0.6	0.5	0.4
前梁腹板/(°)	$[-33.9/31.1/39.5/-32.4]_s$	$[22.2/-81.6/-25.3/33.2]_s$	$[53.8/-78.3/-4.3/-20.9]_s$
下蒙皮/(°)	$[82.3/1.1/25.0/3.3]_s$	$[80.0/21.2/-13.6/20.1]/s$	$[-85.2/22.7/1.8/-12.0]/s$
后梁腹板/(°)	$[65.1/-89.5/-16.1/43.0]_s$	$[-69.2/-71.4/10.3/-19.8]_s$	$[-62.6/-23.4/52.9/-43.9]_s$
上蒙皮/(°)	$[-79.7/10.3/27.6/-8.0]_s$	$[-85.5/21.8/0.3/4.0]_s$	$[89.6/4.3/3.7/19.2]_s$
优化后颤振速度/(m/s)	155.3	155.0	152.3
优化后翼尖挠度/m	0.205	0.204	0.199

表 7 - 16 仅仅列出了权重因子为 0.4、0.5 和 0.6 的情况,通过在区间[0,1]之间调节权重因子的大小可以得到更多的优化结果。显然,通过该方法进行优化设计会花费很大的计算时间和代价。为此,本节又采用了一种多目标进化算法——带精英策略的快速非支配排序遗传算法 NSGA - Ⅱ(Fast and Elitist Non - dominated Sorting in Genetic Algorithms)对上述多目标优化问题进行求解。

为减少 NSGA 的计算复杂度和计算量,K. Deb 提出了 NSGA - Ⅱ。NSGA - Ⅱ的运算复杂程度由 $O(MN^3)$ 减少到 $O(MN^2)$(M 表示优化问题中的目标个数,N 表示种群的大小)。在 NSGA - Ⅱ中,引入选择操作来创建交配池,在池中混合父代和子代并选择其中最优的 N 个作为新的种群。此外,NSGA - Ⅱ也通过拥挤距离比较算子和精英策略代替了原来的共享函数方法。

本例中的研究对象同样为 2 号翼盒。NSGA - Ⅱ的参数设置如下:交叉概率为 0.9；交叉分布指数（Crossover Distribution Index）和变异分布指数（Mutation Distribution Index）分别为 20 和 100；种群数为 50；进化代数为 100。计算得到的柏拉图解如图 7-20 所示。

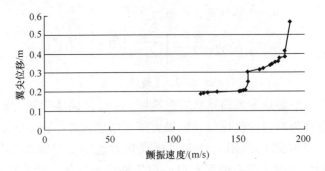

图 7-20　最优化颤振速度和翼盒挠度的柏拉图解

通过本节大量的计算和分析可以看出，在不改变翼盒总重量的前提下，经过对翼盒层合板铺层参数的优化设计可以大幅度提高机翼的颤振临界速度，但同时也使机翼的弯曲刚度下降。因此在进行颤振速度的优化设计时要兼顾机翼的其他性能指标。在本章的优化计算中采用不同的设计变量方案得到的优化结果也不尽相同，因此在工程中进行优化设计时，要选取合适的设计变量方案，如考虑制造精度和多目标、多工况条件下较为实际的设计变量方案，这样得到优化结果便于直接应用于工程实际。

本书通过算例对复合材料机翼结构的刚度方向特性对气弹特性的影响和优化方法进行研究，计算结果仅为理论计算值，无法直接应用到工程实际中。随着国内飞机设计中复合材料的大量应用，气弹剪裁设计的工程化应用已经是迫在眉睫。气弹剪裁设计的工程化应用研究还需要考虑工艺、成本等约束，有兴趣的读者请参考相关文献，作进一步研究。

7.6　某型复合材料机翼工程化气弹剪裁优化设计

某型飞机副翼存在俯仰操纵效率偏低的问题，且机翼重量指标十分严苛。复合材料蒙皮作为机翼的主要部件，应充分利用其刚度方向的可设计性，在提高副翼效率的同时，通过气弹剪裁设计进行蒙皮减重。该项目时间紧迫，人力资源有限，结合实际情况，在查阅了大量国外资料的基础上，形成该型飞机的复合材料机翼气弹剪裁工程化方法和流程。下面对 F22 气弹剪裁优化设计情况和该方法进行详细阐述。

7.6.1　F22 气弹剪裁优化设计情况

F22 气弹剪裁设计优化主要过程如下：

180

（1）定义约束条件和目标函数。

（2）颤振速度、操纵间隙、控制环、嗡鸣、静强度、稳定性、振动特性等。

（3）定义设计变量。

（4）全机定义了800多个设计变量。

（5）对主要设计变量和约束条件进行灵敏度计算。

（6）进行多约束条件下的最小重量优化设计计算。

F22气弹剪裁设计优化过程中的关键技术：

（1）变参数分析获取最有效的参数特征。

（2）快速选择/定义约束的工具。

（3）同工程化设计紧密结合的约束条件定义。

（4）满足精度要求的灵敏度计算能力。

（5）处理多约束、多设计变量的优化方法和工具。

关于F22优化的细节情况无法在该类公开发行的资料中找到,但是仍可以看出关于F22的优化设计项目的整体情况：

（1）整个项目由3个小组来组成,相互之间分工明确,联系紧密。

（2）整个项目历时10年,有限元模型较大的更新了7次,其中约束条件以及设计需求也经常改变。

（3）考虑的约束也包含了颤振、操纵间隙、控制环、嗡鸣、强度、刚度等,同时考虑多种颤振模态,并完成了80种振动模态计算。

优化团队及其职责如图7-21所示。

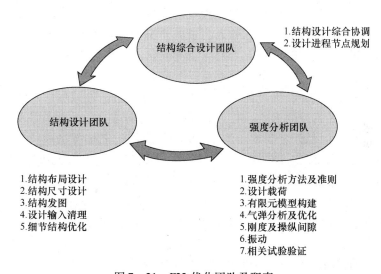

图7-21　F22优化团队及职责

7.6.2 技术难点分析

气动弹性剪裁技术涉及复合材料力学、气动弹性力学、最优化方法,属于多学科优化问题。气动弹性剪裁本质上是一种结构优化方法,通过充分利用复合材料刚度可设计性和弯扭耦合效应,在满足刚度、制造、强度、装配等要求的同时,使翼面结构在气动载荷作用下,产生有利于空气动力、总体、结构和操纵等方面的弹性变形,达到提高飞机性能(飞行品质)和获得最小结构重量的目的。

复合材料翼面气动弹性剪裁优化的特点主要体现在 3 个方面:

(1) 相对金属机翼,复合材料机翼结构的复杂性大大增加。复合材料机翼结构因为含有大量的铺层信息,其模型的复杂度大大增加。进行优化设计的模型构建时,其建立有限元模型的工作量,设计变量的个数也因此远远大于金属机翼结构,因此,会使优化设计计算的效率大大降低,同时增加了优化设计全局收敛的难度。

(2) 需要考虑复合材料的破坏和工艺约束。复合材料的破坏形式较多,包括纤维和基体的破坏,因此,优化设计时需考虑破坏准则,同时,复合材料在非对称非均衡时会出现翘曲现象,因此,在铺层设计时,需要兼顾工艺要求。

(3) 可使用的设计变量根据铺层形式不同而不同,主要有总厚度的区域划分、各区域厚度、角度及铺层顺序等,所以设计变量一般较多。对于机翼蒙皮来说,由于各面积大,各区域受载情况区别较大,铺层差别也因此很大,一般院校和研究机构通常只针对尾翼、副翼等进行研究,少见对大型复合材料机翼工程项目进行气弹剪裁研究,就是因为变量、约束多,实施起来难度和工作量都非常大。

结合具体情况,要求项目必须在较短时间内完成提高副翼效率并减轻结构重量的机翼优化设计,且能抽调的人力资源十分有限。经项目组充分讨论后认为,若想在如此苛刻的时间和人力资源条件下完成如此复杂的、主承力复合材料结构的气弹剪裁工程化应用,必须攻克以下难点:

(1) 控制优化规模,提升优化效率,防止优化发散。若该项目走 F22 的优化路子,必然要承受大量的人力、财力、时间的投入,高昂的管理成本以及高复杂性带来的高风险。但是任务要求时间紧,人力资源匮乏,若要保证该项目的顺利实施必须要严格控制优化计算的规模。本项目中通过简化有限元模型、缩减设计变量个数、不考虑铺层顺序、区分主要约束和次要约束等手段实现。

(2) 参数化模型构建技术。在飞机结构初步设计阶段,外形及结构布局方案频繁变化,为保证数据源的唯一性及数据流的通畅,修改方便快捷必须通过参数化建模的方式建立参数化有限元模型,为优化设计提供数据基础。

(3) 工程适用的优化模型的构建。复合材料机翼结构复杂,设计参数众多,本身结构优化存在很高的复杂度。同时又必须控制优化的规模,因此需分析设计参数及约束条件的重要程度,从中选取最重要的作为构建优化模型的要素,从而建立规模较小的、工程适用的优化模型。

（4）优化结果的工程化处理规则。众所周知,复合材料通过理论优化后得到的优化结果距离工程上采用实际铺层方案存在差异。因此,需在优化结果和工程化铺层方案之间建立桥梁,即优化结果的工程化处理规则。

7.6.3　总体技术方案

项目总体推进思路如下:

（1）分析型号特点,项目具体需求和具备的条件,形成若干关键技术。

（2）针对关键技术进行难点攻关。

（3）建立满足工程要求的气弹和有限元模型并进行优化设计。

（4）利用工程化处理规则,人工处理优化结果,获得工程化铺层方案。

（5）对该方案进行静强度和静气弹性能等关键指标校核。

（6）最终根据校核结果,确定铺层方案的详细参数和细节。

总体技术流程如下:

即基于参数化的机翼气动弹性模型,采用变参分析方法进行灵敏度分析,获取影响舵效的关键参数变化趋势,并用以指导舵效气动弹性剪裁优化设计分析,对优化设计结果进行工程化的处理并进行校核,以获得最终工程可用的蒙皮铺层设计方案。

该工程化设计方法的流程如图7-22所示。其关键技术内容包括:

（1）参数化的机翼气动弹性模型构建技术。

（2）程序化的变参分析和参数优选方法。

（3）多学科约束条件下的气动弹性剪裁优化设计技术。

（4）铺层优化结果的工程化处理和校核。

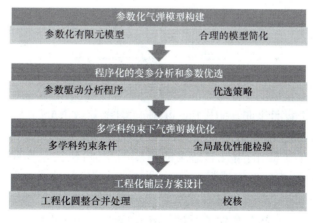

图7-22　机翼气弹特性工程化设计流程

应用上述工程化设计方法,本项目对机翼气弹特性工程化设计算例进行了演示验证:首先对其建立参数化的气弹模型,然后采用自行开发的程序进行变参分析获得关键参数对舵效的影响规律,最后进行了舵效气弹剪裁优化设计和工程化铺层设计方案的校核。最终获得满足各个设计约束要求的蒙皮铺层方案。

7.6.4 关键技术及解决途径

下面就上述4项关键技术及其解决途径进行详细阐述。

1. 参数化建模技术

1)建模流程

以 CATIA 中的型号 basic data 为唯一的外形和结构几何数据输入,在 CATIA 中构建机翼网格图,然后导入 PATRAN 中并输入属性参数,形成有限元网格,建立气动网格,形成气弹分析模型。整个流程保证了数据源的唯一及数据流的通畅,如图 7 - 23 所示。

2)模型参数化变量的选取和实现方法

为了使模型的参数化工作变得简单易行,并同时减少优化设计变量数模,可将需参数化的设计变量进行分类。

本此项目中,将需参数化的设计变量分为两类,如图 7 - 24 所示。

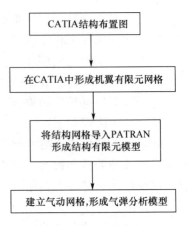

图 7 - 23　建模流程

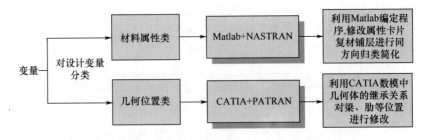

图 7 - 24　模型参数化变量的分类和实现途径

针对第一类设计变量,利用 Matlab 编写程序,修改 NASTRAN 计算文件中相应的复合材料属性卡片。

从减少优化变量、提高计算速度的角度出发,对机翼蒙皮模拟方式进行简化,将复合材料同方向的铺层归为一层,并累加其厚度,这样同一铺层分区的参数化(优化)变量减少为:0°铺层厚度;+45°铺层厚度;-45°铺层厚度;90°铺层厚度;然后编写相应 Matlab 程序,根据优化需要修改 NASTRAN 计算文件中相应卡片中的值,便可实现对材料属性设计变量的参数化建模。

184

针对第二类设计变量,主要利用 CATIA 数模中几何体的继承关系,对梁、墙、肋的位置进行修改(比如,只需更改梁的平面位置,就可以让由其切割得到的梁网格节点的坐标进行自动更新),具体流程如下:

首先,必须在 CATIA 中建立与机翼有限元模型网格节点对应的几何点。

其次,修改机翼主梁、墙、肋的几何位置。

再次,在 CATIA 中更新与机翼有限元模型网格节点对应的几何点坐标。接着,输出变更的几何点坐标,并传给 PATRAN。

最终,更新有限元模型中对应节点的坐标值,生成计算用 .bdf 文件,如图 7 - 25所示。

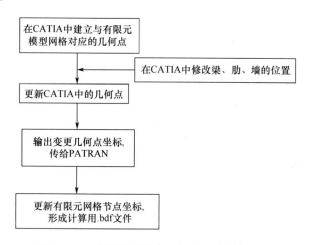

图 7 - 25　有限元模型中几何变量参数化方法

3) 蒙皮属性简化处理

相对于基准有限元模型,为便于进行蒙皮气动弹性剪裁设计,必须对蒙皮属性进行工程简化规整处理(图 7 - 26)。

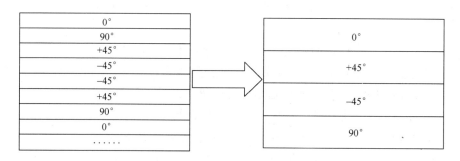

图 7 - 26　蒙皮简化示意图

具体的简化措施如下:

(1) 将同一方向上的铺层集中规整为一层,层厚为该方向铺层的总厚度。

185

（2）调整上下蒙皮单元的法向为向上,令复材属性中的材料参考轴为总体坐标轴。

（3）增加分区数量,各分区的属性取在对应区域内占优的属性。

4）载荷工况的简化处理

在进行优化设计和校核时,一般都采用了极限载荷工况。

5）机身模型的简化处理

在进行舵效优化分析时,为降低模型规模,可将机身处理为刚硬梁模型,并考虑机翼模型在翼根接头处的机身框弹性。

简化可能存在的误差:

针对静力分析:将蒙皮属性规整后,计算所得铺层的应变与实际工程中的详细铺设铺层应变存在一定的差异。

对载荷的简化处理,使得机翼气动载荷完全施加在上蒙皮上,导致计算所得破坏指数及应变大于实际值。

对于静气弹分析,经过验证,蒙皮铺层的规整对舵效分析结果影响不大,舵效剪裁分析结果基本不受简化处理的影响。

2. 程序化变参分析方案及参数优选策略

开展程序化变参分析的目的是为了快速获得各个设计参数相对副翼效率的灵敏度曲线数据,通过分析这些数据得到相关的设计规律,为优化设计提供指导。

目前本项目开发的变参分析程序涵盖了以下属性参数变化方案:

（1）保持厚度不变,铺层角的变参方案。

① 旋转总体坐标 $0° \sim 90°$,$5°$间隔。

② 旋转 $0°$铺层方向 $0° \sim 90°$,$5°$间隔。

③ 保持 $\pm 45°$铺层总厚度不变,调整其中 $+45°$铺层比例:比例系数由 $0.1 \sim 0.9$,0.1 间隔。

（2）整体改变蒙皮厚度以及分别改变各蒙皮分区的厚度。

（3）整体改变翼型厚度以及分别改变各分区的翼型厚度。

参数优选策略:根据灵敏度选取最适合进行减重设计的参数组合,根据减重期望,确定参数的大致范围,并用于指导优化设计。

变参分析程序在 Matlab 环境下开发,通过界面运行 m 文件,修改复材蒙皮铺层厚度、角度属性,然后调用 MSC. NASTRAN 软件进行静气弹舵效分析和静力分析,最后读取计算结果,获得舵效和静强度特性。通过一系列自动变参分析,绘制舵效随参数的变化趋势,从而获得其灵敏度规律。

依据上述原理,编制其组织结构如图 7 - 27 所示。

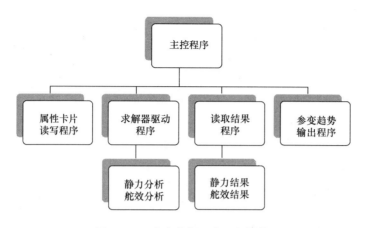

图 7-27 变参分析程序组织结构

3. 多学科气弹剪裁优化设计

1）多学科优化模型

优化目标:机翼结构重量最轻。

设计变量:将机翼蒙皮按梁肋几何位置分为 18 个分区,每个分区、每个铺层方向的厚度为设计变量,上下蒙皮共 $18 \times 4 \times 2 = 144$ 个。

约束条件:对于气动弹性剪裁优化设计模型,为了同时满足静强度和舵效的要求,需要对蒙皮设定静强度约束,并对气动弹性模型设定副翼舵效约束。此外,为了保证工程实用性,还需要对设计变量设定工程化约束。

（1）静强度约束。基于极限载荷工况下的机翼静强度计算结果,静强度约束取为蒙皮的最大破坏指数(FP)不大于某值(如 0.65),即

$$FP \leqslant 0.65$$

其中,破坏指数 FP 的定义基于蔡—胡(Tsai-Wu)张量失效判据。由于纤维增强复合材料在材料主方向上的拉压强度一般都不相等,尤其是横向拉压强度相差数倍,为此蔡—胡提出了张量多项式失效判据,也称为应力空间失效判据。

（2）舵效约束。副翼俯仰操纵效率计算工况为:$M = 1.15$,海平面。舵效约束取为:外副俯仰效率 K 值不低于 0.20,内副俯仰效率 K 值不低于 0.25。

此处,K 值定义为弹性模型俯仰力矩导数/刚性模型俯仰力矩导数。

（3）工程化约束。考虑到复材蒙皮设计方案的工程可实现性,引入两类工程化约束条件:从翼根到翼梢同方向铺层沿展向厚度递减, $+45°/-45°$ 铺层的厚度比例不大于 2。

（4）静变形约束。在极限载荷工况下进行静力分析,通过该约束来限制机翼翼尖静变形。

2）优化策略及优化方法

（1）优化策略。

① 针对后掠翼自身固有的"外洗"弯扭耦合变形特点，通过复材刚度方向的可设计性特点，降低"外洗"程度，甚至使其转化为"内洗"耦合形式，来提高舵效。

② 分区优化复材蒙皮厚度，通过选择适当的铺层比例，在保证舵效不降低、满足静强度约束的前提下，达到减重目的。

（2）优化算法选取及最优化性能验证。

常用的结构优化方法有直接搜索法、梯度法、罚函数法、线性规划法等。本节采用梯度法和可行方向法进行优化求解。为避免可行方向法求解中经常会遇到"锯齿现象"，本节使用的 MSC. NASTRAN 软件在剪裁计算中选用了修正可行方向法，它综合了广义梯度法和可行方向法的优点。

在优化设计分析中，目标函数为结构重量，设计变量为各分区蒙皮的厚度。一般地，各分区蒙皮的厚度参数上限为设计基准值，下限为设计基准值的 1/2。为保证钉群区的静强度，也可暂不改变其对应分区的蒙皮设计参数。为检验优化结果是否最优（或近似最优），可通过以下方式进行：

（1）改变设计变量上下限。

（2）改变设计变量初值。

4. 工程化铺层设计方案及校核

由于在优化过程所用的分区对实际工程设计而言可能过多，不便于蒙皮的方案设计；且优化模型的简化处理中没有考虑局部开口等细节因素，需要对局部进行补强。

针对以上两方面问题，一般需要结合实际设计方案和优化设计结果，对分区进行合并，并且对优化后的铺层方案进行局部调整。由于这种工程化调整一般是局部的，而且主要对局部蒙皮进行加强，一般不会对最终的优化结果造成太大影响。结合长期复材设计工作的经验，铺层工程化圆整按以下规则进行。

（1）相邻分区优化后将厚度相近的进行分区合并。

（2）相邻区域的厚度差异不可过大，形成刚度突变。

（3）考虑复合材料连接区的挤压强度约束和埋头钉划窝深度要求约束。

（4）铺层设计的对称性约束。

（5）铺层各角度铺层的比例差异约束。

（6）剔层区应避开主要的梁、肋轴线和外挂点。

为了验证工程化铺层设计方案在减重后能否满足静强度和舵效要求，可对采用工程化铺层设计方案的机翼分别进行静力和舵效校核分析，用以确定最终的铺层设计方案。

经过多轮迭代优化后，整个机翼副翼效率达到设计要求，结构减重约 16%。

参 考 文 献

[1] Shirk M H,Hertz T J,Weisshaar T A. Aeroelastic tailoring theory,Practice,and Promise[J]. Journal of Air-craft,1986,23(1):6 - 18.

[2] Rodden W P,Johnson E H. Msc/nastran aeroelastic analysis user's guide V68M. log Angeles:MSC corpora-tion,1994,757 - 676.

[3] Weisshaar T A. Aeroelastic tailoring of forward swept composite wings[J]. Journal of Aircraft,1981,18(8):169 - 676.

[4] Tischler V A,Venkayya V B,Sensburg O. Aeroelastic tailoring of empennages structures[R]. AIAA 2000 - 1326,2000.

[5] William D. Anderson∗,Sean Mortara. F - 22 Aeroelastic Design and Test Validation[C]. 48th AIAA/ASME/ASCE/AHS/ASC Structures,Structural Dynamics,and Materials Con23 - 26 April 2007,Honolulu,Hawaii. AIAA,2007 - 1764.

[6] 陈桂彬,邹丛青,杨超. 气动弹性设计基础[M]. 北京:北京航空航天大学出版社,2004.

[7] MSC. Aeroelastic Analysis Users' Guide. MSC. Nastran 2002,User's Guide,2002.

[8] MSC,Design sensitivity and optimization. MSC. Nastran 2004,User's Guide,2004.

[9] Hong B,Soh T Y,Pey L P. Development of a helicopter blade FE model using MIGA optimization[J]. AIAA Journal,2004,4:1 - 8.

[10] 石秀华,孟祥众,杜向党,等,基于多岛遗传算法的振动控制传感器优化配置[J]. 振动、测试与诊断,2011,28(1):35 - 38.

第8章 翼面结构工程优化设计关键技术分析及设计流程

随着近年来结构优化理论和计算机技术的发展及大型有限元软件的出现，复杂翼面结构的优化设计工程化应用越来越多。复合材料翼面结构优化相对于传统的数学优化问题和一般桁架、常规结构优化问题具有设计变量多、约束条件多、载荷工况多等特点，采用传统的、单一的优化算法很难获得满意的结果。在翼面结构的工程化应用中必须针对工程实际需求，制定较实际的优化策略，才能保证项目的顺利进行。根据理论研究和实际工程优化设计的经验，本章对飞机翼面结构工程优化设计中所采用的优化策略、关键技术以及未来优化设计中需重点关注的内容进行了梳理和讨论，最后根据理论研究和工程经验给出了翼面结构工程优化设计的一般流程。

8.1 翼面结构工程优化关键技术分析

8.1.1 分级优化思想

翼面结构设计需要考虑强度、刚度、稳定性、静气弹、颤振以及耐久性/损伤容限等多种设计约束，其优化问题的解决是个庞大的系统工程。因此必须采用系统工程的理论和方法制定详细可行的优化方案，建立切合工程实际的优化模型。形成的优化方案和模型构成整个优化问题的优化策略，工程上最成熟和常用的优化策略就是分级优化思想[1-3]。

F35 在设计中遇到极大的重量挑战，洛马公司投入大量的人力和财力开展结构优化设计(图 8-1)，其采用的优化策略就是典型的分级优化思想。全机的优化分为 3 步(图 8-2)：

(1) 顶层系统级的布局设计。该步确定飞机的主传力形式和路径，主要结构的初步尺寸。

(2) 元件级结构优化。在这一步通过结构优化的工具和方法确定各个主要部件的形状、尺寸；并在第一和第二步之间反复迭代多轮形成详细设计方案。

(3) 对每个零件进行静强度、稳定性、刚度、耐久性/损伤容限、各种环境因素的校核。

190

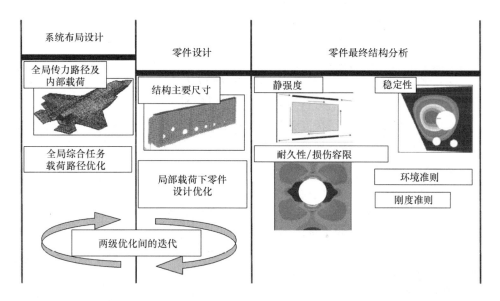

图 8 - 1 F35 飞机结构优化流程

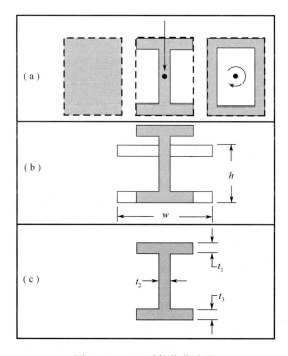

图 8 - 2 F35 零件优化步骤

（a）拓扑优化；（b）形状优化；（c）尺寸优化。

在第二步的元件级优化中,洛马公司同样采用了分级优化的策略,首先对零件进行拓扑优化获得最佳的拓扑形状,其次对其进行形状优化获得最佳的形状参数,最后对其进行尺寸优化得到最终尺寸。文献[4]以"工"字梁的优化设计为例阐述了上述3步的优化过程。

飞机翼面结构布局优化设计贯穿了打样设计、初步设计与详细设计过程。优化设计参数包括了尺寸、形状与拓扑变量,优化难度大,实现比较困难。根据设计阶段的不同,使用不同精度的有限元模型,选取不同的优化设计变量,采取分级优化策略来解决,是一种可行而有效的办法。本节提出了一种可用于工程实际的飞机翼面结构多级布局优化思路:

(1)采用拓扑优化手段得到机翼主承力骨架的数目与大致位置。

(2)在(1)优化结果的基础上,进行形状与尺寸综合优化设计,使用形状优化得到精确的翼梁位置和主承力结构的尺寸。

(3)在(2)优化结果的基础上,得到翼面典型结构件的外载荷及约束条件,对典型结构件进行详细的细节尺寸优化设计。

多级优化思想是机翼结构优化设计的重要发展方向。在工程优化中可以按照设计变量的不同将优化分为拓扑、形状、尺寸3个级别,其原因是上述3种设计变量对结构的总体性能和结构重量的影响程度在不同的数量级,因此从理论上可以进行解耦,进行分级处理。工程上,设计人员应该按照不同的级别从大到小、先主后次的顺序对优化问题进行分解处理。这样既减小了优化问题的规模又提高了优化成功的概率。此外,对复杂问题的分级也可以将约束条件作为依据。对于牵涉结构整体性能的约束条件如刚度、气弹,可作为第一级优化;对于局部性能的约束条件,如局部钉载,可作为第二级优化;总之,对分级优化策略的制定,要遵从先整体后局部、先优化主要设计变量后优化次要设计变量的原则。

8.1.2　优化规模的控制

开展工程优化项目前,要分析项目具体特性及现有技术和非技术条件,形成能解决主要问题的优化目标,目标切忌取"大而全"。现代飞机结构优化一般都是多学科、多目标、多约束,设计变量多达数千个的超大规模优化问题。优化规模由牵涉学科、设计变量、约束条件的种类和数目决定。在时间充裕、工具手段和技术水平先进、人力资源充足的条件下采用这种"大而全"的优化方式理论上可以获得最佳的优化结果。例如,F22的结构优化团队就历时10年,有限元模型更新7次,考虑颤振、操纵间隙、控制环、嗡鸣等多种约束条件最终形成最佳的多学科优化结果[5],但是优化规模过大也同样会造成一系列的问题,如大量的人力、财力、时间的投入,高昂的管理成本以及高复杂度带来的高风险。因此在实际工程中,应该根据具体情况充分分析、充分论证严格控制优化的规模。作者认为须遵循以下原则:

（1）利用分级思想,减小优化规模。

（2）充分利用变量之间的关联关系,尽量减少设计变量的数量。

（3）分析约束条件类型、重要程度,区分主动约束和被动约束,减少约束条件的复杂性。

8.1.3 合理有限元模型的建立

随着有限元技术和计算机技术的快速发展,有限元软件作为分析计算的工具被大量应用在设计优化中。结构优化中应根据不同的优化目的建立不同精度的有限元模型。在建立模型时不可避免地要进行等效和简化,简化的方式也要根据该模型的使用阶段而定。例如,在机翼的布局优化中,优化目的是获得最佳传力路线和初步主承力结构尺寸,此时有限元模型没有必要按照强度校核的高精度标准建立,一般该阶段网格较粗,有限元模型采用板杆单元模拟。建立较简化的模型可以有效地提高运算速度,同时也可获得较满意的布局优化设计结果。

在进行局部细节尺寸优化时建立的有限元模型应尽量真实模拟结构特征,网格粗细程度要能满足计算要求。此时部件或零件的载荷及边界条件可以通过整体有限元模型中提取,也可以把局部细化的模型放到整体有限元模型中优化计算(图8-3)。

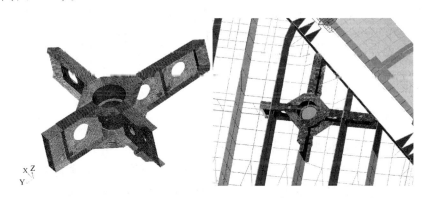

图 8-3 整体有限元模型和局部细化有限元模型

参数化建模技术可以有效地保证数据源的唯一性和优化过程中有限元模型的更改方便快捷,对于提高优化效率,加快优化收敛具有重要作用。

8.1.4 灵敏度快速分析技术

灵敏度是某一设计变量对目标或约束的影响程度量化。在构建优化模型前,对潜在的设计变量和约束条件,进行灵敏度分析可以快速地找到主要的设计变量和约束条件。这样可以将对目标影响不大的约束条件和设计变量当作常量对待,对影响较大的作为设计变量和约束,从而缩减了优化的规模,提高效率和优化成功的概率。例如,在本书7.6节中,程序化的变参分析技术能够快速地对各个设计变量进行灵敏度分析,获得了各块蒙皮厚度对副翼效率的影响程度,翼型高度对副翼效率的影响程度等数据,为优化设计中设计变量的确定和优选奠定基础。

8.1.5　工程适用的优化算法

优化设计的算法研究为近年来的热点问题。各种算法都因为其原理不同,具有不同的特点,在实际应用中要根据优化的规模和具体问题慎重选择算法。

遗传算法、粒子群算法、蚁群算法等智能算法因具有全局寻优和无需求解敏度等优势近年来被众多学者关注,产生了一系列的改进算法。但是,这类算法具有计算量大的缺点。其计算量随优化规模呈几何倍数增长,对于普通的工程问题也需要采用工作站或并行计算机进行网络计算。此外,该类算法中参数的设置比较复杂,需要丰富的优化经验和工程经验做支撑,并要反复多次才能获得较可行解。

准则法和数学规划法是传统的优化算法,缺点是不能达到全局最优,优点是计算速度快、效率高。该类方法在工程中应用的较为成熟[6]。

综合各类优化算法的优、缺点,建议对于设计变量少且目标多峰值的优化问题,可采用遗传算法等智能算法求解;对于大规模的工程问题,在充分分解分级后采用梯度法加以解决。但若有条件进行大规模并行计算,遗传算法等用于大型优化问题也具有十分明显的优势。

8.1.6　快速布局设计工具软件的开发

机翼的布局基本决定了机翼的性能和重量水平。在国内主机所的飞机研制流程中,结构设计部门在飞机初步设计阶段一般是按照工程梁理论和经验对飞机的传力路线和主要结构参数进行设计,形成初步结构方案,提交强度、气弹、载荷等部门进行初步计算,然后反馈结构,如此反复多轮,最终形成结构方案。由于多部门、多人员协调迭代,这一过程往往耗费大量时间,进而延缓型号进度;沟通不及时,甚至会导致颠覆设计。

因此,应该基于工程实际开发适用于初步设计阶段的快速布局设计软件系统。该系统应该能够实现机翼主要承力结构的快速布局和参数定义,并能够实现快速编辑和调整功能。同时该软件应该实现对机翼结构的快速分析和评估功能,分析的内容应该包括强度、弯曲刚度、扭转刚度、气弹等总体性能指标。这样原先在几个部门之间协调迭代的工作,仅仅在结构部门的一个软件平台下就可以完成,其效率和效益不言自明。

中航工业成都飞机设计研究所与北京索为高科公司共同开发的"结构快速布局设计软件"经过了多个型号飞机的工程测试验证,能够较好地达到设计指标,大幅提高结构设计部门的工作效率。

8.1.7　细节设计中铺层顺序优化的应用

复合材料结构工程优化中,一般将铺层角度定义为0°、±45°、90°,设计变量定义为各铺层厚度,铺层顺序对结构性能的影响并未得到充分的重视。因为理论上层合板铺层顺序不改变面内刚度,仅仅对弯曲刚度有影响,机翼蒙皮采用层合板时,弯曲载荷转化为上下蒙皮的拉压载荷。再加上翼型高度远比层合板厚度大,工程上认为复材蒙皮的铺层顺序对整个机翼的刚度影响可以忽略不计,因此现在实际工程中都是在确定了蒙皮厚度和铺层比例后,通过人工圆整确定铺层顺序。但是现代战斗机普遍采用薄翼型厚蒙皮结构,此时复合材料的铺层顺序在刚度上起的作用就不应该再被忽略。此外,由于复合材料结构树脂和纤维的热膨胀系数差异巨大,因此对于非对称层合板或对称铺层的曲面复合材料结构,由于其结构径向受力以树脂为主,周向受力以纤维结构为主,因此会产生固化回弹变形,所以可以通过优化对称铺层曲面结构的铺层顺序来调整层间热膨胀系数的差异,以达到控制固化变形的目的[8](图8-4)。尤其是现代战斗机多采用复合材料加筋整体壁板结构,本身就存在曲面形状和铺层不对称问题,因此必须考虑铺层顺序对固化变形的影响,从而减少制造和装配的难度(图8-5)。

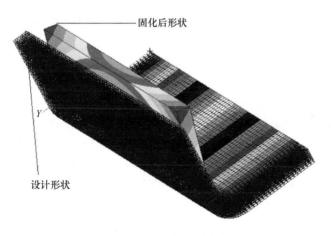

图8-4　固化变形示意图

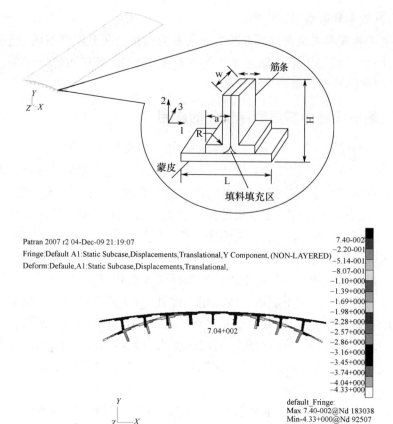

图 8 – 5　复合材料加筋壁板固化变形示意图

8.2　翼面结构工程优化设计流程

综合国内外结构优化理论研究成果以及实际型号工作的经验,形成翼面结构工程优化设计策略。

翼面结构工程优化设计项目的实施可以分为以下 8 步:

1. 根据飞机结构设计所在阶段确定优化目标和优化种类

在结构初步设计阶段应该以翼面结构的布局形状为主要设计目标,即通过拓扑/布局的优化设计形成翼面的最佳主传力结构,开展拓扑/形状优化设计。在结构详细设计阶段应以翼面结构的尺寸或铺层参数为主要设计变量,即开展尺寸优化。

2. 确定优化规模

考虑优化目标和当前的技术水平以及人力、时间和成本的投入,谨慎确定优化规模的大小,因为优化规模直接关系到项目的成败。

3. 构建工程适用的优化模型

优化模型构建是优化设计中最关键的一步。应根据灵敏度分析的结果选取较主要的设计变量和约束条件,形成规模较适中且能反映主要问题的优化模型。

4. 确定优化工具和优化方法

各种优化算法具有不同的优、缺点和适用范围。一般大型工程问题选用传统准则或数学规划法较好,组合优化如铺层顺序优化则需选择智能算法为佳。

5. 优化过程实施

6. 优化结果的后处理

由于在优化过程所用的分区对实际工程设计而言可能过多,不便于蒙皮的方案设计;且优化模型的简化处理中没有考虑局部开口等细节因素,需要对局部进行补强。针对以上两方面问题,一般需要结合实际设计方案和优化设计结果,对分区进行合并,并且对优化后的铺层方案进行局部调整以提高工艺性。

7. 重要设计指标的校核。

8. 结束

飞机结构设计中优化设计应该贯穿整个设计过程。针对翼面结构,下面给出了较完整的工程优化设计流程,如图 8–6 所示。

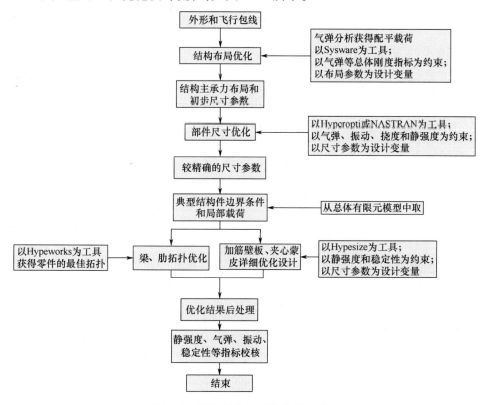

图 8–6　翼面结构工程优化设计流程

参 考 文 献

[1] 徐锦康. 机械优化设计[M]. 北京:机械工业出版社,1995.

[2] 隋允康. 建模·变化·优化[M]. 大连:大连理工出版社,1996.

[3] 晏飞. 复合材料翼面结构综合优化设计[D]. 西安:西北工业大学,2002.

[4] Robert M. Taylor, Jay Garcia, Poh – Soong Tang. Using Optimization for Structural Analysis Productivit Improvement on the F – 35 Lightning II[C]. 48th AIAA/ASME/ASCE/AHS/ASC Structures, Structural Dynamics, and Materials Con23 – 26 April,2007, Honolulu, Hawaii. AIAA 2007 – 2312.

[5] William D. Anderson*, Sean Mortara. F – 22 Aeroelastic Design and Test Validation[C]. 48th AIAA/ASME/ASCE/AHS/ASC Structures, Structural Dynamics, and Materials Con23 – 26 April 2007, Honolulu, Hawaii, AIAA,2007 – 1764.

[6] 常楠. 飞机复合材料结构特性分析及优化技术研究[D]. 西安:西北工业大学,2011.

[7] 庞杰. 复合材料结构固化变形分析及其控制[M]. 南京航空航天大学硕士学位论文,2008.

内 容 简 介

机翼是飞机的主要气动面和承受载荷部件,是飞机结构设计的重点和难点。现代飞机机翼结构高度低、专业综合性强,复合材料得到了大量的应用。除了高比强、高比模、耐腐蚀、耐疲劳等特点外,复合材料更突出的优点是刚度可设计性。通过对复合材料翼面结构进行合理的优化设计,不但能带来显著的减重效益,还能改善结构静、动气动弹性性能。本书以复合材料翼面结构为研究对象,结合现代有限元方法、先进结构优化算法、复合材料力学理论,立足工程实际,从优化理论与应用两个方面出发,对翼面结构优化数学模型、常用优化理论、层合板优化设计、复合材料加筋壁板优化设计、复合材料翼面结构布局优化设计、复合材料翼面结构气弹剪裁优化设计、翼面结构工程优化设计关键技术与设计流程进行了详尽的阐述,反映了作者多年来在该领域的最新研究成果,具有新颖性、工程应用性强的特点。

本书可作为高等院校和科研院所从事结构设计人员学习参考,同时也适合从事优化算法理论研究的人员参考。

Wing is the main aerodynamic lifting force generating and load carrying component of the aircraft, which makes its structure design process much more important and difficult than others. In order to reduce the aerodynamic drag and meanwhile improve the aircraft performance, the wing shape is becoming thinner and thinner, which largely reduce the structure height. On the other hand, the aerodynamic force is increasing and the structure weight is required to decrease. Moreover, the wing structural design is more and more involving in a multidisciplinary design process. Another feature of the modern wing is the widely implement of composite. Apart from its good mechanical and physical properties, high stiffness/weight and strength/weight ratio, the most important advantage of composite is that it can be optimized to satisfy the requirements of the specific application and meanwhile to reduce its weight without compromising its performance, or improve the performance without weight penalty. These books focus on the wing structure optimization methodology and engineering implement, combining finite element method, optimization methodology and composite mechanism. Some key optimization technologies were investigated as follow: mathematic modeling of structure optimization, optimization methodology, laminate optimization, composite stiffened panel optimization, composite wing structure layout optimization , composite wing structure tailed optimization , engineering optimization key technologies and optimization workflow. This book reflects the authors' research effort and has a widely implement area.

This book could be used as reference to structure optimization researchers as well as optimization methodology researchers.

图 1 – 1

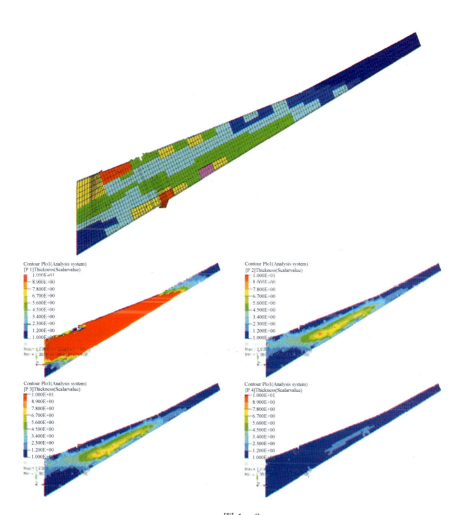

图 1 – 9

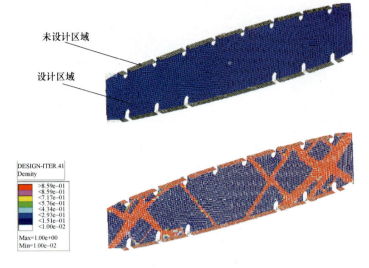

未设计区域

设计区域

DESIGN-ITER.41
Density

>8.59e−01
<8.59e−01
<7.17e−01
<5.76e−01
<4.34e−01
<2.93e−01
<1.51e−01
<1.00e−02

Max=1.00e+00
Min=1.00e−02

图 1 − 12

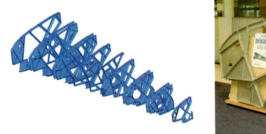

图 1 − 13

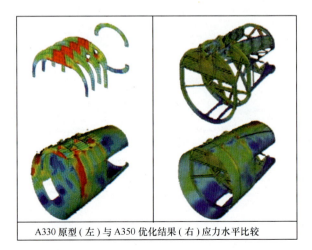

A330 原型（左）与 A350 优化结果（右）应力水平比较

图 1 − 14

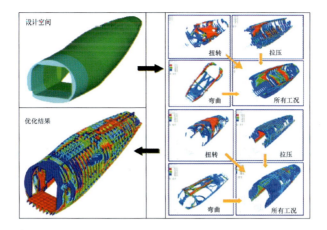

图 1 - 15

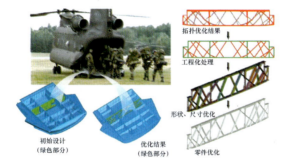

图 1 - 16

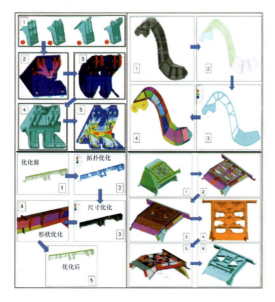

图 1 - 17

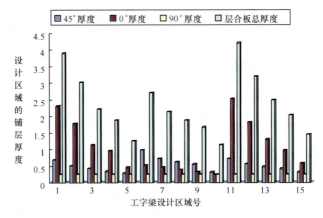

图 4 - 19

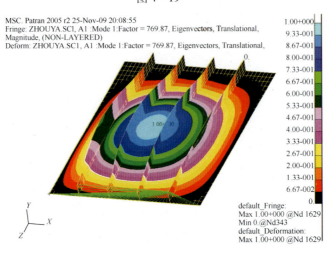

图 5 - 10

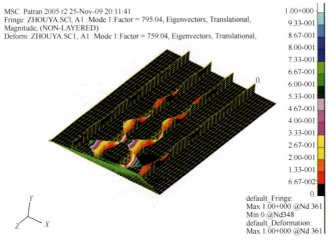

图 5 - 11

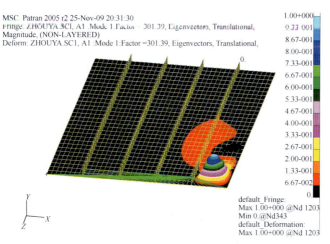

图 5 - 12

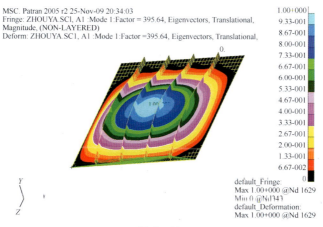

图 5 - 13

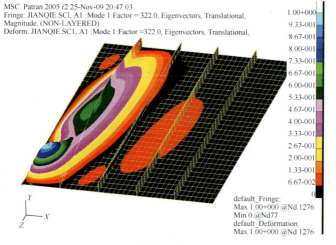

图 5 - 14

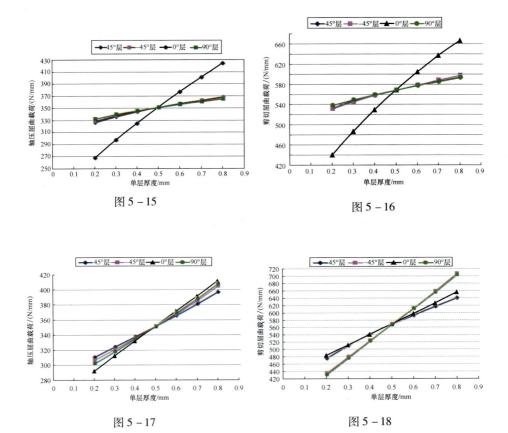

图 5 - 15

图 5 - 16

图 5 - 17

图 5 - 18

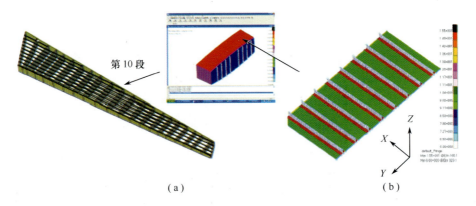

（a）

（b）

图 5 - 22

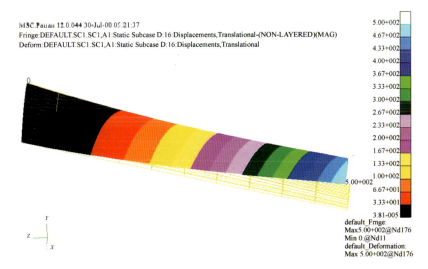

图 6 – 21

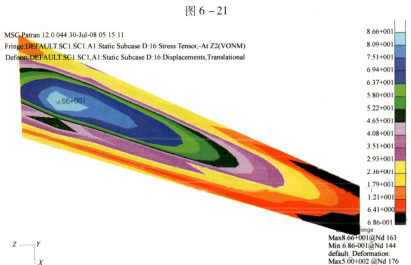

图 6 – 22

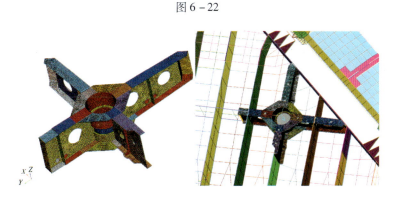

图 8 – 3

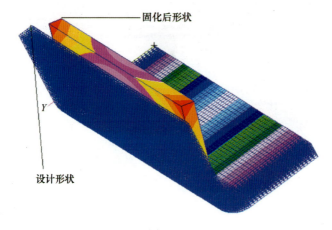

图 8 - 4

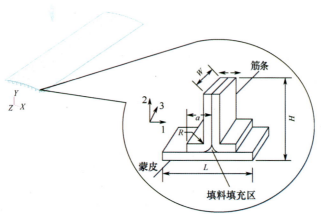

Patran 2007 r2 04-Dec-09 21:19:07
Fringe:Default A1:Static Subcase,Displacements,Translational,Y Component, (NON-LAYERED)
Deform:Defaule,A1:Static Subcase,Displacements,Translational,

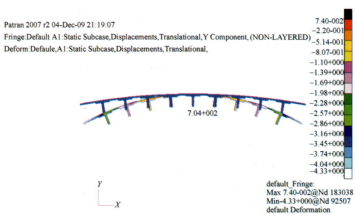

图 8 - 5